潮流时装
设计与制作系列

服　装

材料与应用

薛飞燕　芮　滔　主编

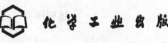

化学工业出版社

·北京·

图书在版编目（CIP）数据

服装材料与应用/薛飞燕，芮滔主编． —北京：化学
工业出版社，2017.11（2024.2重印）
（潮流时装设计与制作系列）
ISBN 978-7-122-30631-9

Ⅰ．①服… Ⅱ．①薛…②芮… Ⅲ．①服装-材料
Ⅳ．①TS941.15

中国版本图书馆CIP数据核字（2017）第225530号

责任编辑：邵桂林　　　　　　　　　　　　文字编辑：谢蓉蓉
责任校对：边　涛　　　　　　　　　　　　装帧设计：刘丽华

出版发行：化学工业出版社（北京市东城区青年湖南街13号　邮政编码100011）
印　　装：涿州市般润文化传播有限公司
787mm×1092mm　1/16　印张10　字数268千字　2024年2月北京第1版第8次印刷

购书咨询：010-64518888　　　　　　　　　售后服务：010-64518899
网　　址：http://www.cip.com.cn
凡购买本书，如有缺损质量问题，本社销售中心负责调换。

定　　价：45.00元

编 写 人 员 名 单

主　　编　薛飞燕　芮　滔

编写人员　薛飞燕　芮　滔　乔　燕　王雪涛

前言

　　服装面料作为服装设计与制作的三大元素之一，对服装最终的成型效果具有非常重要的作用。随着现代科学技术的不断发展，纺织新材料不断涌现，服装面料的风格、外观、手感、构成、功能、应用都在变化，了解并掌握构成服装要素的面料性质对服装从业人员来说非常重要。服装材料内容涉及范围广泛，包括纺织、染整、织物结构设计、服装设计与加工等诸多专业内容，既有很强的理论知识，又有极高的艺术要求。

　　在本书编写过程中，我们既考虑到学科内容的完整性，又照顾不同内容深浅程度的把握，力求内容更适合培养具有扎实的理论基础，又有较强的实践能力的复合型实用人才。重点强调对服装材料认知与选择应用能力的培养，同时注意服装材料与服装设计、服装加工制作的内在联系，让学习者能够理性评价服装材料，感性选择与应用，以满足学习者的要求。全书内容新颖，知识涵盖面广，信息量大，深浅适中，可读性强。

　　本书由辽宁轻工学院薛飞燕、芮滔、乔燕，大连工业大学王雪涛编写，并且乔燕老师、芮滔老师提供部分图片，王雪涛提供彩图。在编写过程中，我们参阅了国内外大量相关文献与资料，在此对文献作者一并致谢。

　　由于我们水平有限，书中疏漏之处在所难免，恳请广大读者给予指正，以便在将来再版时予以修订。

编　者

2016年11月

目录

目录

第一章

纤维

第一节　纤维的种类

一、天然纤维

天然纤维是自然界存在的，可以直接取得的纤维。根据其来源可以分为植物纤维、动物纤维及矿物纤维三大类。

（一）植物纤维

植物纤维是从植物的种子、叶、果实、茎等处得到的纤维。
（1）种子纤维　棉、木棉等。
（2）叶纤维　剑麻、蕉麻、菠萝麻等。
（3）果实纤维　椰子纤维。
（4）茎纤维　韧皮纤维如苎麻、亚麻、黄麻、槿麻、大麻、罗布麻等。
植物纤维的主要化学成分是纤维素，故也称纤维素纤维。

（二）动物纤维

动物纤维是从动物的毛或昆虫的腺分泌物中得到的纤维。
（1）动物毛发　羊毛、兔毛、骆驼毛、山羊绒等。
（2）昆虫腺分泌物　桑蚕丝、柞蚕丝、蓖麻蚕丝、木薯蚕丝等。
动物纤维的主要成分是蛋白质，故也称蛋白质纤维。

（三）矿物纤维

也叫无机纤维，主要有石棉等。

二、化学纤维

化学纤维是经过化学处理加工而成的纤维，可分为人造纤维和合成纤维两类。

（一）人造纤维

人造纤维是用含有天然纤维或蛋白质纤维的物质，如木材、甘蔗、芦苇、大豆蛋白质纤维、酪素纤维等及其他失去纺织加工价值的纤维原料，经过化学加工后制成的纺织纤维。人造纤维也称再生纤维。主要用于纺织的人造纤维有黏胶纤维、醋酯纤维、铜铵纤维、大豆纤维及牛奶纤维等。

1.人造纤维素纤维

（1）黏胶纤维　黏胶纤维是用木材、稻草、棉秆及其他植物的茎秆等制成纯的纤维浆，然后用烧碱溶液处理成碱化纤维素，再用二硫化碳处理成可溶于碱液的黏稠的纤维素磺酸钠溶液，就是黏胶。最后做成黏胶长丝，也就是黏胶纤维。如将黏胶丝切断成短纤维，其长度和粗细近于棉花的叫人造棉，近于羊毛的叫人造毛。黏胶纤维做成的人造丝、人造棉、人造毛都是经过化学处理的天然纤维素。

（2）醋酯纤维　醋酯纤维是用木材、棉短绒等含纤维素的物质与醋酸及醋酐作用，生成醋酯纤维素浆，再分解成二醋酯纤维素，最后做成丝胶，经喷丝，凝固成醋酯纤维。醋酯纤维实质上是天然纤维素经醋酸处理而制得的一种纤维，并因此而得名。

（3）铜铵纤维　铜铵纤维是棉短绒经精炼漂白处理后，用铜铵溶液溶解制成黏稠液，再经喷丝、凝固、拉伸、精炼、水洗、稀酸处理后，制成铜铵长丝。铜铵纤维也是以天然纤维为原料经铜铵溶液处理而制得的，并因此而得名为铜铵纤维。

2. 人造蛋白质纤维

（1）大豆纤维　大豆蛋白黏胶纤维是采用从大豆粕中提取的蛋白质与纤维素黄酸酯接枝共聚反应生成的黏胶长丝产品。

（2）牛奶纤维　牛奶蛋白纤维是以牛乳作为基本原料，经过脱水、脱油、脱脂、分离、提纯，再与聚丙烯腈采用高科技手段进行共混、交联、接枝，制备成纺丝原液；最后通过湿法纺丝成纤的一种长丝纤维。

3. 人造无机纤维

主要有玻璃纤维、金属纤维。

（二）合成纤维

合成纤维不是用含天然纤维素或含蛋白质的物质作原料，而是用石油、天然气、煤等为原料，先合成单体，再聚合而制成的纺织纤维。常见的合成纤维有聚酯纤维、聚酰胺纤维、聚乙烯醇纤维、聚丙烯纤维、聚丙烯腈纤维、聚氯乙烯纤维等。

1. 聚酯纤维

聚酯纤维是利用煤或石油加工中得到的苯、二甲苯、乙烯等单体制得的苯二甲酸或对苯二甲酸二甲酯及甲醇、乙二醇等为原料，经过缩聚反应而制得聚对苯二甲酸乙二酯，最后经熔融挤压纺丝而成纤维。聚酯纤维是聚对苯二甲酸乙二酯的简称。聚酯纤维的商品名为涤纶，其他名称有特丽纶、帝特纶、特达尔、达可纶等。

2. 聚酰胺纤维

聚酰胺纤维是用苯、环己酮等合成己内酰胺，再聚合成聚己内酰胺高分子，最后经纺丝及加工处理而成。聚酰胺纤维商品名为锦纶，其他名称有尼龙、耐纶、贝纶、赛纶、卡普隆等。根据生产时原料单体所含的碳原子数不同，锦纶名称常附加一个数字，如锦纶-6、锦纶-66，这个数字表示制造这种纤维的原料单体所含的碳原子数。

3. 聚乙烯醇纤维

用煤和石灰反应制成乙炔，或从天然气、石油中制取乙炔，利用乙炔和醋酸作原料加工成醋酸乙烯，经聚合成聚醋酸乙烯，最后加醇分解得聚乙烯醇纤维。聚乙烯醇纤维商品名为维纶，其他名称有维尼龙、妙纶、维纳纶等。

4. 聚丙烯纤维

炼油废气、天然气或石油裂解的烯烃气体，经提纯、聚合而制得聚丙烯树脂，再经熔融挤压法纺丝，最后加工成聚丙烯纤维。聚丙烯纤维的商品名为丙纶，又称帕纶。

5. 聚丙烯腈纤维

用丙烯腈作原料，经聚合成大分子的聚丙烯腈，然后经溶解、纺丝而制成。商品名为腈纶，也叫奥纶、开司米纶、克司纶、爱克斯纶等。

6. 聚氯乙烯纤维

用乙炔氯化或乙烯与氯气合成氯乙烯单体，然后聚合得聚氯乙烯，再经熔融挤压纺丝而制成。商品名为氯纶，也叫天美纶、滇纶。

第二节　常用纤维特性

一、植物纤维

（一）棉纤维

1. 分类

（1）按品种分

① 细绒棉　又称陆地棉。纤维线密度和长度中等，一般长度为25～35mm，线密度为2.12～1.56dtex（4700～6400公支），强力在4.5cN左右。我国种植的棉花大多属于此类。

② 长绒棉　又称海岛棉。纤维细而长，一般长度在33mm以上，线密度在1.54～1.18dtex（6500～8500公支），强力在4.5cN以上。它的品质优良，主要用于纺制细于10tex的优等棉纱。我国种植较少，除新疆长绒棉以外，进口的主要有埃及棉、苏丹棉等。

此外，还有纤维粗短的粗绒棉，已趋淘汰。

（2）按棉花的初加工分类

从棉花中采得的是籽棉，无法直接进行纺织加工，必须先进行初加工，即将籽棉中的棉籽除去，得到皮棉。该初加工又称轧花。籽棉经轧花后，所得皮棉的质量占原来籽棉质量的百分率称衣分率。衣分率一般为30%～40%。按初加工方法不同，棉花可分为锯齿棉和皮辊棉。

① 锯齿棉　采用锯齿轧棉机加工得到的皮棉称锯齿棉。锯齿棉含杂、短绒少，纤维长度较整齐，产量高。但纤维长度偏短，轧工疵点多。细绒棉大都采用锯齿轧棉。

② 皮辊棉　采用皮辊棉机加工得到的皮棉称皮辊棉。皮辊棉含杂、短绒多，纤维长度整齐度差，产量低。但纤维轧工疵点少，有黄根。皮辊棉适宜长绒棉、低级棉等。

（3）按原棉的色泽分类

① 白棉　正常成熟、吐絮的棉花，不管原棉的色泽呈洁白、乳白或淡黄色，都称白棉。棉纺厂使用的原棉，绝大部分为白棉。

② 黄棉　棉花生长晚期，棉铃经霜冻伤后枯死，铃壳上的色素染到纤维上，使原棉颜色发黄。黄棉一般属低级棉，棉纺厂仅有少量应用。

③ 灰棉　生长在多雨地区的棉纤维。在生长发育过程中或吐絮后，如遇雨量多、日照少、温度低，纤维成熟就会受到影响，原棉呈现灰白色，这种原棉称为灰棉。灰棉强度低、质量差，棉纺厂很少使用。

④ 彩棉　彩棉是指天然具有色彩的棉花，是在原来的白色棉基础上，用远缘杂交、转基因等生物技术培育而成。天然彩色棉花仍然保持棉纤维原有的松软、舒适、透气等优点，制成的棉织品可减少印染工序和加工成本，能适量避免对环境的污染，但色相缺失，色牢度不够，仍在进行稳定遗传的观察之中。

2.形态特征

在显微镜下观察可发现,棉纤维纵向呈扁平的转曲带状,封闭的一端尖细,生长在棉籽上的一端较粗且敞口。横截面呈腰圆形,如图1-1所示。正常成熟的棉纤维,可以看到在扁平的带状纤维上有许多螺旋形的扭曲,这种扭曲是棉纤维在生长过程中自然形成的,称为"天然转曲"。天然转曲是棉纤维的形态特征,可用天然转曲这一特点将棉与其他纤维区别开。

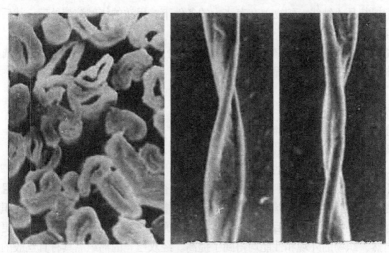

图1-1　棉纤维横向、纵向形态

3.成分

棉纤维的主要成分是纤维素。纤维素是天然高分子化合物,化学结构式由α-葡萄糖为基本结构单元重复构成,其元素组成为碳44.44%、氢6.17%、氧49.39%。棉纤维的聚合度在6000～11000。此外,棉纤维还附有5%左右的其他物质,称为伴生物。伴生物对纺纱工艺与漂炼、印染加工均有影响。棉纤维的表面含有脂蜡质,俗称棉蜡。棉蜡对棉纤维具有保护作用,是棉纤维具有良好纺纱性能的原因之一。

4.物理性质

(1)长度　棉纤维的长度平均为23～33mm,长绒棉为33～45mm。棉纤维的长度与纺纱工艺及纱线的质量关系十分密切。一般长度越长、长度整齐度越高、短绒越少,可纺的纱越细、条干越均匀、强度越高,且表面光洁、毛羽少;棉纤维长度越短,纺出纱的极限线密度越高。各种长度棉纤维的纺纱线密度一般都有一个极限值。

(2)细度　棉纤维细度较细。

(3)强度和弹性　棉纤维的强度是使用价值的必要条件之一,纤维强度高,则成纱强度也高。棉纤维强度较低,则弹性较差。回弹性差,则棉纤维织物易起皱。

5.吸湿性

棉纤维的成分是纤维素,纤维素大分子上存在许多亲水性基团(—OH),所以其吸湿性较好,一般大气条件下,棉纤维的回潮率可达8.5%左右。因此棉纤维织物在夏季时穿着舒适,透气透湿。另外棉纤维吸湿后强度提高,大约湿强是干强的1.1～1.3倍,因此棉纤维织物可以进行高温水洗。棉纤维吸湿后纤维横向溶胀,造成成品纱线与织物尺寸不稳定,发生收缩,这一现象叫缩水。织物缩水是在加工生产时要注意的一个问题,棉机织物缩水率一般为3%～7%,牛仔布缩水率最大,可以达到10%。

纤维吸湿性影响染色性质，吸湿性好，染色性就好。棉的染色性比较好，色谱全，色彩鲜艳，但同时易褪色。

6. 化学性质

（1）耐酸碱性　棉纤维耐无机酸能力弱。棉纤维对碱的抵抗能力较强，但会引起横向膨化。可利用稀碱溶液对棉布进行"丝光"。

丝光是指棉制品（纱线、织物）在有张力的条件下，用浓的烧碱溶液处理，然后在张力下洗去烧碱的处理过程。

碱缩是指棉制品在松弛的状态下用浓的烧碱液处理，使纤维任意收缩，然后洗去烧碱的过程，也称无张力丝光，主要用于棉针织品的加工。

丝光后，织物发生以下变化。

① 光泽提高。

② 吸附能力、化学反应能力增强。

③ 缩水率、尺寸稳定性、织物平整度提高。

④ 强力、延伸性等服用机械性能有所改变。

碱缩虽不能使织物光泽提高，但可使纱线变得紧密，弹性提高，手感丰满，而且强力及对染料吸附能力提高。市面上现有双丝光织物，双丝光是指用经过丝光的棉纱线制织成织物，再对织物进行丝光处理。经第二次丝光后，其碱液作用比普通仅对纱线丝光的棉织物效果更加均匀，光泽更加亮丽自然，织物的外观和性能均得到了提高。经双丝光的棉织品具有真丝般的光泽，色泽鲜艳，手感滑爽，穿着舒适。

（2）耐光性、耐热性　棉纤维的耐光性和耐热性一般，在阳光中棉布会缓慢地氧化，使强力下降。长期高温作用会使棉布强度遭受破坏，但其耐受125～150℃短暂高温处理，长时间日晒易褪色泛黄，耐热性差，极易燃烧。

（3）耐霉菌性　微生物对棉织物有破坏作用，因此棉纤维不耐霉菌，在阴湿环境下极易发霉，在洗涤和保养时应该注意。

7. 小结

棉纤维的优点如下。

① 吸汗透气，手感柔软，穿着舒适。

② 耐漂白剂，方便洗涤。

③ 染色性能好，光泽柔软。

④ 耐穿，耐碱。

棉纤维的缺点如下。

① 弹性不足，变形后很难回复原状，易皱。

② 会缩水，淡色衣服不能与深色衣服同洗，会染色。

③ 不耐酸，遇酸会受腐蚀而出现破洞。

④ 长时间日晒会产生氧化褪色而牢度下降。

⑤ 不易虫蛀，但易受微生物的侵蚀而霉变。

（二）麻纤维

麻纤维是世界上最古老的纺织纤维。埃及人利用亚麻纤维已有8000年的历史，墓穴中的埃及木乃伊的裹尸布长达900多米。我国早在公元前4000年以前的新石器时代已采用苎麻作纺织原料。浙江吴兴钱山漾出土文物中发现的苎麻织物残片是公元前2700年以前的遗物。

1. 分类

麻纤维是指从各种麻类植物中取得的纤维的总称。麻纤维品种繁多，包括韧皮纤维和叶纤维。韧皮纤维作物主要有苎麻、黄麻、青麻、大麻（汉麻）、亚麻、罗布麻和槿麻等。其中苎麻、亚麻、罗布麻等胞壁不木质化，纤维的粗细长短同棉相近，可作纺织原料，织成各种凉爽的细麻布、夏布，也可与棉、毛、丝或化纤混纺；黄麻、槿麻等韧皮纤维胞壁木质化，纤维短，只适宜纺制绳索和包装用麻袋等。叶纤维比韧皮纤维粗硬，只能制作绳索等。麻类作物还可制取化工、药物和造纸的原料。

2. 纤维形态

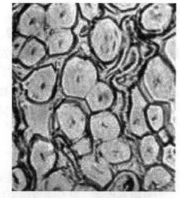

麻纤维大多纵向平直，有竖纹横节，有点像甘蔗。亚麻截面为不规则的多角形，也有中腔，截面外观有点像石榴子，如图1-2、图1-3所示。苎麻横截面为扁圆形，有较大中腔，粗看与棉相似，细看截面上有小裂纹，不像棉那样光滑细致，如图1-4、图1-5所示。麻纤维的这种不规则的截面特征，以及纵向的横节纵纹，很大程度上决定了麻制品自然粗犷的外观和手感。这种形态结构决定了麻纤维织物的外观性能，光泽较好，颜色多为象牙色、棕黄色、灰色等。纤维之间存在较大色差，形成的织物颜色不均匀，有一定色差。

图1-2 亚麻纤维横截面形态

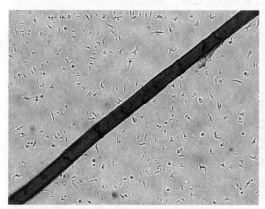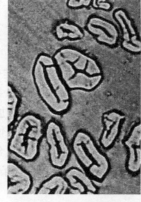

图1-3 亚麻纤维纵向形态　　　图1-4 苎麻横截面形态　　图1-5 苎麻纵向形态

3. 纤维成分

麻纤维的主要成分是纤维素、胶质及其他纤维素伴生物。精炼后，麻纤维的纤维素含量仍比棉纤维低。苎麻纤维的纤维素含量和棉接近（在95%以上），亚麻纤维素含量比苎麻稍低，黄麻和叶纤维等纤维素含量只有70%左右或更少。麻纤维表面的胶质中含有果酸，果酸具有杀菌抑菌作用，因此麻织物适合制作餐巾、桌布及沙发布等。

4. 物理性质

① 强度　苎麻和亚麻纤维胞壁中纤维素大分子的取向度比棉纤维大，结晶度也好，因而麻纤维的强度比棉纤维高，可达6.5g/den（1den=1/9 tex）；伸长率小，只有棉纤维的一半，约3.5%，比棉纤维脆。吸湿后强度增大，能够强力水洗。

② 弹性　麻纤维弹性差，导致制品易起皱，且起皱后不易消失，因此麻制品大多经过防皱处理。比较脆硬，压缩弹性差，经常折叠的地方容易断裂，不适合制作有褶皱款式的服装，保存

时注意不要重压。麻织物不耐磨,尤其不耐折磨。

5．吸湿性

麻纤维具有良好的吸湿性,吸湿速度快,放湿速度更快,放湿速度是吸湿速度的2倍,因此夏季穿着具有凉爽舒适的特点。虽然麻的吸湿性好,但由于它独特的纤维大分子结构,纤维内部结晶度大,染料难以进入分子内部,因此麻制品染色性差,不易漂白。市场上见到的大多数麻制品颜色较灰暗,多为本色或者浅灰色、浅米色、深色等,鲜艳颜色较少。

6．化学性质

(1)耐酸碱性 麻纤维对酸、碱都不敏感。在烧碱液中可发生丝光作用,使强度、光泽增强。在稀酸中短时间内基本上不发生变化,但会被强酸损伤。

(2)耐热性 麻纤维耐热性好,熨烫温度可以高达190～210℃,在常用纤维中熨烫温度最高。麻织物干烫困难,适合加湿熨烫。

(3)耐霉菌性 麻织物具有抑菌抗菌特点,不耐霉,但抗虫蛀。

7．小结

麻纤维主要特点如下。

① 强度高,在天然纤维中是强度最好的,且耐磨耐拉力。

② 吸湿性强,吸湿快放湿更快,夏季穿着具有凉爽舒适的特点。

③ 耐酸、碱性强,适合高温水洗。但在高浓度氯漂液中处理,易损伤麻纤维。

④ 不易受潮发霉,抑菌抗菌,耐霉。

⑤ 易起皱,不耐磨,尤其不耐折磨。

8．亚麻与苎麻的区别

(1)纤维形态区别 苎麻纤维是麻纤维中唯一以单纤维状态存在的纤维。苎麻纤维长度长,弹性好,单纤维长度可达600mm,但差异较大,平均长度只有60mm,光泽明亮,又叫丝麻。亚麻不是单纤维,而是一种束纤维,常采用半脱胶加工法。亚麻纤维束纺是几根单纱经一次加捻成股纱,因此条感较差,常为竹节状,这也是亚麻竹节纱的一大特色。亚麻色泽暗淡。苎麻存在结晶度高、刚性大、纤维表面光滑、无天然扭曲、纤维长度不匀率高、相互之间抱合力差等特性,使织物表面绒毛相当显著。另外,在同等大气条件下,苎麻纤维回潮率比棉高50%左右,从而增加了烧毛工艺的难度。

(2)产地 亚麻产区为黑龙江省,占全国亚麻种植面积的80%。亚麻纤维是人类最早使用的天然纤维,是天然纤维中唯一的束性植物纤维,具有天然的纺锤形结构和独特的果胶质斜边孔,由此产生的优良的吸湿、透气、防腐、抑菌、低静电等特性,使亚麻织物成为能够自然呼吸的织品,被誉为"纤维皇后"。常温下,穿着亚麻服装可使人体的实感温度下降4～5℃,因此亚麻又有"天然空调"之美誉。又因亚麻是一种稀有天然纤维,仅占天然纤维的1.5%,故而亚麻产品价格相对昂贵,在国外成为身份和地位的象征。

苎麻产区分布于湖南、湖北一带。因其纤维较亚麻长,属中长纤维,可纺成高支纱。用它制成的夏季服装具有吸湿透气的特点,被誉为"中国草"。苎麻属于干纺纱。

二、动物纤维

动物纤维主要包括动物毛发和腺分泌物两种,其主要成分是蛋白质,所以也称为蛋白质纤维,其共性如下。

① 光泽柔和，弹性好，抗皱性强。

② 吸湿性好，染色性好，色彩艳丽，色谱齐全。

③ 保暖性好，穿着舒适。

④ 耐酸不耐碱，对氧化剂敏感，不耐晒，不耐盐。

据记载，人类早在石器时代后期就开始使用羊毛。几千年来，毛制品以其优良的服用性能备受消费者的青睐。无论是羊毛内衣，还是西服套装，羊毛制品尽显其独特的品位和魅力。无论纺织材料科学如何发展，新型纤维如何优秀，在高级职业装方面，还没有哪一种纤维制品能够超越羊毛的地位。山羊绒、驼马毛等稀少优质的天然纤维在服装市场上更是一枝独秀，尽显奢华。

（一）动物毛发

1. 羊毛

羊毛是服用纤维的重要品种，一般指绵羊毛。它具有许多优良特性，如弹性好、吸湿性强、保暖性好、不易沾污、光泽柔和。这些性能使毛织物具有各种独特风格。用羊毛可以织成各种高级服装面料，有质地细腻、轻薄、手感活络有弹性、光滑挺爽、呢面光洁平整、光泽自然的夏季织物，如薄花呢等；有手感滑糯、丰厚有身骨的春秋季织物，如中厚花呢等；有质地丰厚、手感丰满、保暖性强的冬季织物，如各类大衣呢等。羊毛也可以制造工业用呢绒、呢毡、毛毯、衬垫材料等。此外，羊毛制织的各种装饰品如壁毯、地毯等，名贵华丽。

（1）羊毛的分类

按线密度和长度分，这也是一种主要的分类方法。

① 细羊毛　平均直径在25μm以下，毛丛长度5～12cm。细羊毛的最好品种是澳大利亚美利奴细羊毛，我国新疆改良细羊毛即属此类，主要用于制作高级衣料。

② 半细毛　平均直径15～37μm，长5～15cm，如英国的南丘羊、杜塞特羊。

③ 长羊毛　平均直径大于36μm，以长度特长（15～30cm）和光泽明亮为主要特征的绵羊毛，典型的有林肯羊毛、莱斯特羊毛。

④ 杂交种羊毛　是美利奴细毛羊与长毛种羊的杂交羊的毛，长度、细度为其亲本的折中。著名的有考力代、哥伦比亚、罗姆尼羊毛。

以上四种羊毛除了可以制作衣料外，也用于制造床毯、帷幕，较粗长些的可制地毯、浆粕毛毯、长毛绒等。

⑤ 粗羊毛　指毛被中兼有发毛和绒毛的异质毛，世界上大多数土种羊都属此类。主要用途是制造地毯，也称地毯羊毛。我国未改良的内蒙古、西藏、哈萨克羊毛（三大类）均属此类。粗羊毛不宜作衣料，主要用作地毯、粗毯、衬料等。

按纤维类型分类如下。

① 同质毛　指绵羊毛被毛中仅含有的同一粗细类型的毛。

② 异质毛　指绵羊毛被毛中含有的不同类型的毛（发毛和绒毛），如我国的土中毛即是此类。

按剪毛季节分类如下。

① 春毛　春天剪取的羊毛，毛长、质细、底绒多、油汗多、品质较好。

② 伏毛　夏天剪取的羊毛（某些地方），毛短、光泽好、无底绒。

③ 秋毛　秋天剪取的羊毛，毛短、光泽好、无底绒。

按取毛后原毛的形状分类如下。

① 被毛　从绵羊身上剪下的连成一个完整毛被的羊毛。

② 散毛　剪下的毛不成整个片状的羊毛。

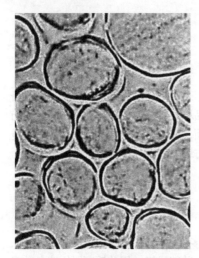

图1-6 羊毛横截面形态

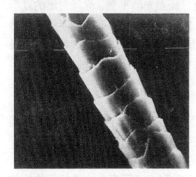

图1-7 羊毛表面鳞片结构

③抓毛　在脱毛季节，用梳子梳下来的羊毛。

（2）纤维形态

显微镜下观察羊毛，纤维纵向具有天然卷曲，表面有鳞片覆盖。

细羊毛的截面近似圆形，如图1-6所示，长短径之比在1～1.2；粗羊毛的截面呈椭圆形，长短径之比在1.1～2.5；死毛截面呈扁圆形，长短径之比达3以上。

羊毛纤维截面从外向里由鳞片层、皮质层和髓质层组成。细羊毛无髓质层。羊毛纤维随绵羊品种的不同而有很大差异，但它们的鳞片差异并不大。每一个鳞片细胞是一个长宽各30～70μm、厚2～6μm的不规则四边形薄片；它的细胞腔很小，一般0.2～2.3μm，其中还包含干缩的细胞核。鳞片细胞一层一层地叠合包围在羊毛纤维毛干的外层，如图1-7所示。鳞片细胞的主要组成物质是角蛋白，它是由近20种氨基酸缩合形成的蛋白质大分子。每个鳞片细胞内半层的蛋白质大分子堆砌比较疏松，具有较好的弹性；而外半层的蛋白质堆砌比较紧硬，具有更强的抵抗外部理化作用的能力。

鳞片层的主要作用是保护羊毛不受外界条件的影响而引起性质变化。另外，鳞片层的存在，还使羊毛纤维具有特殊的缩绒性。

（3）纤维成分

羊毛是天然蛋白质纤维，主要成分是叫角朊的蛋白质。角朊含量占97%，无机物占1%～3%。羊毛角朊的主要元素是C、O、N、H、S。此外，羊毛是一种含杂质较多的天然纤维，原毛中含有的主要杂质是脂汗。脂汗主要由脂蜡和汗质两部分组成。羊毛脂对羊毛起到一定的保持作用，经提炼后的羊毛脂是贵重的化工原料，可用作医疗用外敷软膏、化妆品，以及其他特殊用途的油脂剂等。

（4）物理性质

①羊毛纤维弹性好，是天然纤维中弹性回复性最好的纤维。

②羊毛的相对密度小，在1.28～1.33。

③羊毛保温性好，是热的不良导体。

④羊毛的强度较其他纤维低，1.5g/den，但断裂伸长率可达40%。由于羊毛较其他纤维粗，并有较高的断裂伸长率和优良的弹性，所以在使用中，羊毛织品较其他天然纤维织品坚牢。

⑤可塑性　羊毛在湿热条件下膨化，失去弹性，在外力作用下，压成各种形状并迅速冷却，解除外力，已压成的形状可很久不变，这种性能称可塑性。可塑性在处理中可产生两种结果。

暂时定型：定型后通过比热处理更高温度的蒸汽或水的作用，使纤维重新回缩至原来形状。

永久定型：定型后的纤维在蒸汽中处理1～2h，仅能使纤维稍有回缩，基本形状不变，这种现象称永久定型。

⑥羊毛纤维的毡缩性　在湿热或化学试剂条件下，羊毛纤维或织物鳞片会张开，如同时加以反复摩擦挤压，由于定向摩擦效应，使纤维保持指根性运动，纤维纠缠按一定方向慢慢蠕动。羊毛纤维啮合成毡，羊毛织物收缩紧密，这一性质称为羊毛的毡缩性，也叫缩绒性。

羊毛毡缩产生原因：纤维本身原因（或称内因），羊毛表皮是鳞片层，由于鳞片存在，使逆鳞片方向的摩擦系数大于顺鳞片方向的摩擦系数，称为定向摩擦效应。在湿热或化学试剂条件下，如同时加以反复摩擦挤压，由于定向摩擦效应，使纤维保持指根性运动，纤维纠缠按一定方向慢慢蠕动穿插、纠结在一起，无法回复到原来状态，织物变厚，绒毛丰满，从而形成毡缩。

缩绒性是羊毛重要特性之一，毛织物通过缩绒，可提高织物厚度和紧度，产生整齐的绒面，外观优美，手感丰满，提高保暖性。但有些品种如精纺织物及羊毛衫等，要求纹路清晰、形状稳定，须减小缩绒性，通常采用破坏鳞片层的方法。

防毡缩方法：采用化学药剂破坏羊毛鳞片，或涂以树脂使鳞片失去作用，以达到防缩绒的目的。经过防毡缩处理的羊毛制品将失去羊毛纤维的部分优点，如弹性、光泽及手感等。

（5）吸湿性

羊毛纤维的吸湿性很好，是天然纤维中吸湿性最好的，且吸湿放热。羊毛纤维在吸收本身质量30%的水分时，手感仍然是干爽的。羊毛纤维这种优良的吸湿性能，使得它的保暖性很好，其制品是冬季保暖性服装最常见的面料。

（6）化学性质

① 酸的作用　羊毛对酸作用的抵抗力比棉强。低温或常温时，弱酸或强酸的稀溶液对角朊无显著的破坏作用；随温度和浓度的提高，酸对角朊的破坏作用相应加剧。如用浓硫酸处理羊毛，升高温度，可使羊毛破坏，强力下降。

② 碱的作用　羊毛对碱的抵抗能力比纤维素低得多。碱对羊毛的破坏随碱的种类、浓度、作用的温度和时间的不同差异较大。角朊受破坏后，强度明显下降，颜色泛黄，光泽暗淡，手感粗硬，抵抗化学药品的能力相应降低。所以在洗涤时不能使用碱性制品。

③ 氧化剂对羊毛的作用　剧烈，尤其是强氧化剂在高温时。羊毛在漂白时不能使用次氯酸钠，它与羊毛易生成黄色氯胺类化合物。过氧化氢对羊毛作用较小，常用3%的稀溶液进行漂白。

④ 日光、气候对羊毛的作用　羊毛是天然纤维中抵抗日光、气候能力最强的一种纤维。光照1120h，强度下降50%左右，主要是紫外线破坏羊毛中的二硫键，使胱氨酸被氧化，颜色发黄，强度下降。

⑤ 热的作用　60℃干热处理，对羊毛无大的影响。温度增加，逐渐变质。100℃烘干1h，颜色发黄，强度下降。110℃发生脱水，130℃深褐色，150℃有臭味，200～250℃焦化。羊毛高温下短时间处理，性质无变化。

2. 山羊绒

山羊绒又称羊绒，是紧贴山羊表皮生长的浓密细软的绒毛，具有细腻、轻盈、柔软、保暖性好等特点，常用于羊绒衫、羊绒大衣呢、高级套装等制品。由于其品质优良、产量小，一只山羊一年的产绒量大概为100～200g，所以很名贵，素有"软黄金"之称。另外，由于山羊对植被破坏能力很强，一些发达国家不提倡饲养山羊，这使得山羊绒的产量尤其少。世界上最著名的山羊绒产地为亚洲的克什米尔地区，故国际市场上又把羊绒称为开什米（cashmere），即"开司米"。图1-8为山羊绒纵横向形态。

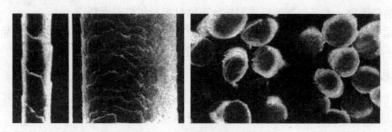

图1-8　山羊绒纵横向形态

羊绒与羊毛的区别如下。

① 羊毛的鳞片排列比羊绒紧密且厚,其缩绒性比羊绒大。羊绒纤维外表鳞片小而光滑,如图1-8所示。纤维中间有一空气层,因而其重量轻,手感滑糯。

② 羊毛的卷曲度比羊绒的卷曲度小,羊绒纤维卷曲数、卷曲率、卷曲回复性均较大,易于加工为手感丰满、柔软、弹性好的针织品,穿起来舒适自然,而且有良好的还原特性,尤其表现在洗涤后不缩水、保型性好等方面。羊绒由于自然卷曲度高,在纺纱织造中排列紧密,抱合力好,所以保暖性好,是羊毛的1.5~2倍。

③ 羊绒的皮质含量比羊毛的高,羊绒纤维的刚性比羊毛的好,羊绒比羊毛更柔软。

④ 羊绒的细度不匀率比羊毛的小,其制品的外观质量比羊毛好。

⑤ 羊绒纤维细度均匀,其密度比羊毛的小,横截面多为规则的圆形,其制品比羊毛制品轻薄。

⑥ 羊绒的吸湿性比羊毛好,可充分吸收染料,不易褪色。回潮率高,电阻值比较大。

⑦ 羊毛的耐酸、耐碱性比羊绒好,遇氧化剂和还原剂时亦比羊绒损伤小。

⑧ 通常羊毛制品的抗起球性比羊绒制品好,但毡化收缩性大。

3. 兔毛

兔毛是家兔毛和野兔毛的统称。纺织用兔毛产自安哥拉兔和家兔,其中以安哥拉兔毛的质量为最好,很柔软。

兔毛由角蛋白组成,绒毛和粗毛都有髓质层。绒毛的毛髓呈单列断续状或狭块状,粗毛的毛髓较宽,呈多列块状,含有空气,如图1-9、图1-10所示。纤维细长,颜色洁白,光泽好,柔软蓬松,保暖性强,但纤维卷曲少,表面光滑,纤维之间抱合性能差,强度较低,细毛为15.9~27.4cN/tex,粗毛为62.7~122.4cN/tex,平均断裂伸长率为31%~48%。对酸、碱的反应与羊毛大致相同。

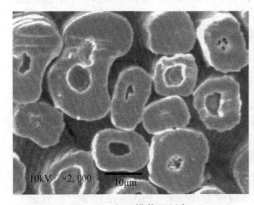

图1-9 兔毛横截面形态

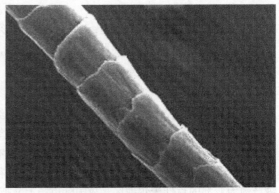

图1-10 兔毛纵向形态

兔毛纯纺较困难,大多与其他纤维混纺,可做针织衫和机织面料。

兔毛很柔软,冬天穿很暖和。一般对毛衣过敏的人,不会对兔毛过敏。兔毛制品最大的缺点是掉毛,掉毛率是衡量兔毛品质好坏的一个重要指标。

4. 马海毛

马海毛(Mohair),指安哥拉山羊身上的被毛,又称安哥拉山羊毛。得名于土耳其语,意为"最好的毛",是目前世界市场上高级的动物纺织纤维原料之一。

马海毛的外表很像绵羊毛,但不尽相同。其鳞片少而平阔紧贴于毛干,很少重叠,具有竹筒般的外形，如图1-11所示。纤维表面光滑，产生蚕丝般的光泽，其织物具有闪光的特性。纤维柔软，坚牢度高，耐用性好，不毡化，不起毛起球，沾污后易清洁。其富丽堂皇的外观、高档的手感和独特的天然光泽在纺织纤维中是独一无二的。马海毛的皮质层几乎都是由正皮质细胞组成的，也有少量副皮质呈环状或混杂排列于正皮质之中，因而纤维很少弯曲，对一些化学药剂的作用比一般羊毛敏感。其与染料有较强的亲和力，染出的颜色透亮，色调柔和、浓艳，是其他纺织纤维无法比拟的。马海毛是一种高档的毛制品的原料，主要用于长毛绒、顺毛大衣呢、提花毛毯等一些高光泽的毛呢面料以及针织毛线。粗棒针手织的马海毛衫，披挂着柔软的如丝如雾般的纤维，构成高贵、活泼而又粗犷的服装风格，深受人们喜爱。

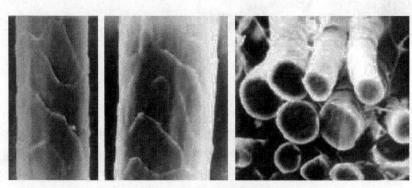

图1-11　马海毛纵横向形态

5. 羊驼毛

羊驼毛（Alpaca），又名阿尔帕卡，粗细毛混杂，直径22～30μm，细羊毛长约50mm，粗毛的长达200mm。羊驼毛属于骆驼毛纤维。它比马海毛更细，更柔软。其色泽为白色、棕色、淡黄褐色或黑色。其弹力和保暖性均远高于羊毛。羊驼毛主产于秘鲁、阿根廷等地。

羊驼毛的特点如下。

① 颜色丰富，无需染色。目前国外专业学者将羊驼毛分为22种自然色。

② 柔软轻薄，光滑细腻。"柔似棉花，滑似丝绸。"羊驼毛特殊的中空结构使得其更加轻薄有弹性。长时间按压使用也不易变形，依然柔软光滑。

③ 保暖防潮。羊驼毛的保暖性能十分优异，它的绝缘性能使其既能隔绝冷空气，同时又不向外界传导热量，更加保暖透气。

④ 不沾灰尘，干净卫生。羊驼毛本身不含油脂，因而不易积尘，没有异味，容易打理。羊驼毛不易脱落，不会导致过敏，适合各类人群接触。

羊驼毛比羊毛长，光亮而富有弹性，可制成各种高级毛织物。羊驼绒是一种高档纺织原料，在欧美时尚界备受青睐，是山羊绒之外的另一种珍贵动物纤维。

6. 骆驼绒

驼绒是骆驼绒的简称，是取自骆驼腹部的绒毛。统制后制成的驼绒色泽杏黄、柔软蓬松，是制作高档毛纺织品的重要原料之一。驼绒制品有轻、柔、暖的特点，已经成为一种重要的出口物资，但其产量有限，一峰骆驼只能产0.3kg的净绒，相对要比山羊绒更为珍贵。驼绒为中空状结构，有利于空气的储存，是动物绒中耐寒最强、很理想的天然御寒保暖用品。驼绒的整体稳定性较强，经久耐用，还有细柔轻滑、保暖性强等优良特性。驼绒含有天然蛋白质成分，不易产生静电，不易吸灰尘，对皮肤无刺激过敏现象。内蒙古阿拉善盟生产的驼绒产量大、质量好，在国内外都享有盛名。图1-12和图1-13是骆驼绒的横、纵向形态。

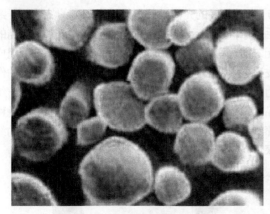

图1-12　骆驼绒的横截面形态

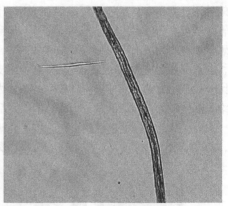

图1-13　骆驼绒的纵向形态

（二）腺分泌物

动物腺分泌物主要是蚕丝，主要包括家蚕丝即桑蚕丝和野蚕丝即柞蚕丝两种。由蚕丝制成的服装叫丝绸服装。在古代，丝绸服装一直是高贵典雅的代表、身份的象征，因为桑蚕丝非常珍贵。蚕的生命只有28天，每条蚕一生所吐的丝只有几百米长。一件上衣、一件旗袍，需要非常多蚕的生命方可完成。丝绸来之不易，因此注定了丝绸的华贵和神秘。在唐朝，丝绸之路上的驼铃将以"丝"为主的中国服饰文化传送到马可波罗的故乡意大利，再传送到法兰西国王路易十四的宫殿中。一匹匹华美的丝绸让世界知道了东方古老而神秘的国家。作为丝绸的发源地，丝绸生产在我国有5000多年的历史，据说黄帝的妻子——嫘祖，是最早发现缫丝方法，而后让蚕丝服务于人类的人。

丝绸织物色彩艳丽，光泽柔和典雅，飘逸灵动，尽显奢华，一直是人们喜欢的服装面料之一。

1.桑蚕丝

（1）纤维形态　在显微镜下观察，构成茧层的茧丝由两条平行的单丝组成，横截面呈半椭圆或略呈三角形，纵向平直光滑。蚕丝接近三角形的横截面形态，使得丝织物具有独特的丝鸣和闪光效应。图1-14为桑蚕丝的横截面形态，图1-15为桑蚕丝的纵向形态。

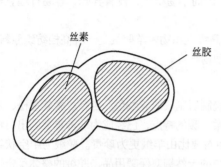

图1-14　桑蚕丝横截面形态

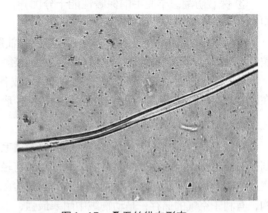

图1-15　桑蚕丝纵向形态

丝鸣是丝纤维（或织物）相互错动时产生振动所发出的鸣音，优雅悦耳，为丝纤维所专有。从发声条件来看，丝鸣属于高分子材料间的摩擦声，进一步的分析发现，这种摩擦声含有特定的振动形式，不同于一般纤维（或织物）间的摩擦声。丝鸣是最能说明真丝特性的一项指标，其中低频部分产生悦耳的听觉效应，超低频部分则产生刺激作用，使穿着丝织物时对皮肤产生刺激快感。

单丝接近三角形的截面形态，使得织物在光线作用下，对光的反射出现不同的深浅效果，这一现象叫作丝织物的闪光效应。闪光效应的存在，使得丝织物呈现迷人的梦幻效果，更增加了丝绸织物的奢华之美。

（2）纤维成分　当蚕丝从蚕茧上抽取后，经合并形成生丝。生丝外层是丝胶，内层是丝素，丝胶和丝素的主要成分都是蛋白质。

（3）物理性质　蚕丝的细度很细，相对密度很小，因此制成的面料轻薄飘逸；心白色、黄色茧最常见，光泽柔和均匀。蚕丝纤维的强度较大，但湿态下强度低于干态强度。

（4）吸湿性　蚕丝的丝素中有许多微孔，且蛋白质分子上有亲水基团，因此蚕丝的吸湿性很好，优于棉，但小于羊毛，公定回潮率为11%。由于它的吸湿性好，因此染色性好，色彩艳丽，色谱齐全。

（5）化学性质

① 耐酸、碱性　蚕丝织物耐酸性与酸的浓度及性质有关。丝类在弱无机酸和有机酸中比较稳定。经一定浓度的有机酸处理过的丝织物，会增加光泽，改变手感，但其强度会下降。而在高浓度无机酸中的丝织物会急剧膨胀、溶解而破坏。丝织物耐碱性较差，在碱液中会发生水解。在煮沸的碱液中，茧丝会被完全溶解。可见丝织物只宜在中性或弱酸性溶液中进行洗涤。

② 耐热、耐光性　蚕丝的耐热性优于棉纤维，在120℃时几乎无影响。而耐光性较差，日晒易发黄。因此丝织物在晾晒时注意不能在阳光下暴晒。

③ 耐盐性　丝织物耐盐性差，在5%的食盐溶液中长时间浸泡，会破坏其组织结构。被含盐分的汗水浸润过的丝质内衣，干燥后会出现黄褐色斑点。丝织物服装汗湿后要马上洗涤。

④ 抗氧化、还原性　丝纤维对还原剂有一定的承受力，但对氧化剂敏感，氧化剂会使丝纤维发黄。

2. 柞蚕丝

以柞蚕所吐之丝为原料缫制的长丝，称为柞蚕丝。柞蚕丝是我国特有的天然纺织原料之一，具有独特的珠宝光泽，天然华贵、滑爽舒适。柞蚕丝横截面呈椭圆形，纵向平直。图1-16为柞蚕丝横截面形态，图1-17为柞蚕丝纵向形态。其纤维横向截面比桑蚕丝更扁平一些。同桑蚕丝相比，柞蚕丝粗硬，光泽不如桑蚕丝。

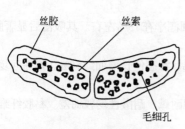

图1-16　柞蚕丝的横截面形态

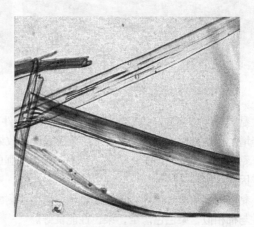

图1-17　柞蚕丝的纵向形态

桑蚕丝与柞蚕丝的区别如下。

① 颜色的区别　桑蚕丝比柞蚕丝白，市场上的柞蚕丝为米色或米黄色，比桑蚕丝黄。

② 纤维粗细的区别　桑蚕丝比柞蚕丝细，所以同重的桑蚕丝拉制好后更蓬松。桑蚕丝的粗细一般只有头发丝的1/10，而柞蚕丝的粗细是和头发丝相当的。

③ 纤维长度的区别　桑蚕丝的纤维长度明显比柞蚕丝长，因为柞蚕丝粗，人工很难将其利用，一般通过机械将其拉开，所以纤维在拉开过程中长度一般不超过80cm。而桑蚕丝的长度要长很多。

④ 纤维手感的区别　桑蚕丝细，所以手感细腻柔滑，而柞蚕丝粗，手感只有滑。

⑤ 纤维的蓬松度　桑蚕丝细，同样重量的柞蚕丝体积要比桑蚕丝小很多。

三、再生纤维

（一）再生纤维素纤维

1.黏胶纤维

黏胶纤维（Viscose fiber）是黏纤的全称，分为黏胶长丝和黏胶短纤。黏胶长丝又叫人造丝。

黏纤是以棉或其他天然纤维（如木材等）为原料生产的纤维素纤维。在十二种主要纺织纤维中，黏纤的含湿率最符合人体皮肤的生理要求，具有光滑凉爽、透气、抗静电、染色绚丽等特性。

黏胶纤维分棉型、毛型和长丝型，俗称人造棉、人造毛和人造丝。

黏胶纤维可分为普通型、强力型和高性能型。普通黏胶纤维的截面呈锯齿形皮芯结构，纵向平直有沟横。如图1-18、图1-19所示。

图1-18　黏胶纤维的纵向形态　　　　图1-19　黏胶纤维的横截面形态

黏胶纤维具有良好的吸湿性，在一般大气条件下，回潮率在13%左右。其吸湿后显著膨胀，直径增加可达50%，所以织物下水后手感发硬，收缩率大。

黏胶纤维强度比棉差，湿强下降多，约为干强的50%，湿态伸长增加约50%。弹性回复性能差，因此织物容易伸长，尺寸稳定性差，易出皱。

黏胶纤维的成分为纤维素，所以较耐碱而不耐酸，但耐碱、耐酸性均较棉差。黏胶纤维的染色性与棉相似，染色色谱全，染色性能良好。

黏胶纤维手感柔软光泽好。黏胶纤维像棉纤维一样柔软，像丝纤维一样光滑。

黏胶纤维吸湿性、透气性良好。黏胶纤维的基本化学成分与棉纤维相同，因此，它的一些性能和棉纤维接近。不同的是它的吸湿性与透气性比棉纤维好，可以说它是所有化学纤维中吸湿性与透气性最好的一种纤维。

黏胶纤维染色性能好。由于黏胶纤维吸湿性较强，所以它比棉纤维更容易上色，色彩纯正、艳丽，色谱也最齐全。

缺点：黏胶纤维湿牢度差，弹性也较差，织物易折皱且不易回复，耐酸、耐碱性也不如棉纤维。因此黏胶织物不适合强力水洗和长时间浸泡。

2. 铜铵纤维

铜铵纤维是再生纤维素纤维的一种，纤维截面呈圆形，无皮芯结构。纤维可承受高度拉伸，制得的单丝较细，所以面料手感柔软、光泽柔和、有真丝感。铜铵纤维的吸湿性与黏胶纤维接近，其公定回潮率为11%，在一般大气条件下回潮率可达到12%～13%。在相同的染色条件下，铜铵纤维的染色亲和力较黏胶纤维大，上色较深。铜铵纤维的干强与黏胶纤维接近，但湿强高于黏胶纤维，耐磨性也优于黏胶纤维。其服用性能较优良，近似于丝绸，吸湿性好，极具悬垂感，符合环保服饰潮流。

（1）物理性质

① 强度　铜铵纤维强度比黏胶纤维高，湿态时强度是干态时的65%～70%。

② 耐热性　铜铵纤维在150℃强度下降，180℃即枯焦。

（2）化学性质

① 耐酸碱性　铜铵纤维对酸和碱类的抵抗能力差。稀的热酸和冷的强酸都会使它溶解，在一定浓度的稀酸中处理，也会使其受到一定损伤。纤维在低浓度的弱碱液中短时处理没有什么影响；但在强碱液中处理会受到损害，甚至溶解。

② 氧化剂的作用　铜铵纤维对含氯漂白剂及过氧化氢的抵抗能力差。

（3）外观及手感

铜铵纤维光泽柔和，具有真丝感，手感柔软，悬垂性好。

（4）舒适性

铜铵纤维吸湿性能优良，透气透湿，具有会呼吸、清爽、抗静电、悬垂性佳四大特点。最吸引人的特性为其具吸湿、放湿性。

（5）用途

铜铵纤维的用途与黏胶纤维大体一样，但铜铵纤维的单纤比黏胶纤维更细，其产品的服用性能极佳，近似于丝绸，极具悬垂感。另外，其具有较好的抗静电的功能，即使在干燥的地区穿着，仍然具有良好的触感，可避免人体产生闷热的不舒适感。这是使之成为一直受欢迎的内衣里布的重要原因，且至今其仍然处于无可取代的地位。目前铜铵纤维已从里布被推向面料，成为高级套装的最佳素材。作为面料，它手感柔软、光泽柔和，符合环保服饰潮流，所以常用作高级织物原料，特别适用于与羊毛、合成纤维混纺或纯纺，做高档针织物，如做针织和机织内衣、女用袜子以及丝织绸缎女装衬衣、风衣、裤料、外套等。

3. 富强纤维

富强纤维是黏胶纤维的一个升级换代产品，又叫高性能黏胶纤维，属于高湿模量类纤维。
主要特点如下。

① 强度大　富强纤维织物比黏胶纤维织物结实耐穿。

② 缩水率小　富强纤维的缩水率比黏胶纤维小一半。

③ 弹性好　用富强纤维制作的衣服比较板正，耐折皱性比黏胶纤维好。

④ 耐碱性好　由于富强纤维的耐碱性比黏胶纤维好，因此富强纤维织物在洗涤中对肥皂等洗涤剂的选择不像黏胶纤维那样严格。

4. 醋酯纤维

醋酯纤维包括二醋酯纤维和三醋酯纤维等，是一种酯化纤维素纤维，不是纤维素成分，因此它的燃烧性质完全不同于黏纤等再生纤维素纤维。但因其服用性能与再生纤维素纤维非常接近，因此，还是将它归于再生纤维素类中。

主要特点如下。

① 良好的热塑性　醋酯纤维在200～230℃时软化，260℃时熔融，这一特征使醋酯纤维具有热塑性，与合成纤维类似，其产生塑性变形后形状不再回复，具有永久变形性。醋酯面料的成形性好，能美化人体曲线，整体大方优雅。

② 优良的染色性　醋酯纤维通常可用分散染料染色，且上色性能好，色彩鲜艳，其上色性能优于其他纤维素纤维。

③ 外观似桑蚕丝　醋酯纤维的外观光泽与桑蚕丝相似，手感柔软滑爽也与桑蚕丝相似。其相对密度和桑蚕丝一样，因而悬垂感和桑蚕丝无异。醋酯丝织成的织物易洗易干，不霉不蛀，其弹性优于黏胶纤维。

④ 性能接近桑蚕丝　与黏胶纤维及桑蚕丝的物理机械性能相比，醋酯纤维的强度偏低，断裂伸长较大，湿强与干强的比值虽较低，但高于黏胶丝，初始模量小，回潮率比黏胶纤维和桑蚕丝低，但比合成纤维高。其湿强与干强之比、相对钩接强度与打结强度、弹性回复率等与桑蚕丝相差不大。因而醋酯纤维在化学纤维中性能最接近桑蚕丝。

⑤ 不带电　醋酯面料不易吸附空气中的灰尘；干洗、水洗及40℃以下机手洗均可，克服了丝毛织面料多带菌、带灰尘又只可干洗的弱点；也无毛织面料易虫蛀的缺点，易于打理收藏；而且醋酯面料具有毛织面料的回弹性和滑爽的手感。

醋酯纤维中最常见的是仿丝纤维，其色彩鲜艳，外观明亮，触摸柔滑、舒适，光泽、性能均接近桑蚕丝。与棉、麻等天然织物相比，醋酯面料的吸湿透气性、回弹性更好，不起静电和毛球，贴肤舒适，非常适合制作高贵礼服、丝巾等。同时，醋酯面料也可用来代替天然真丝绸，制作各种高档品牌时装里料，如风衣、皮衣、礼服、旗袍、婚纱、唐装、冬裙等等。优良的吸湿性能和抗静电性，使得醋酯纤维织物更适合制作服装衬里。

5. 莫代尔

莫代尔（Modal）是一种高湿模量再生纤维素纤维，属木浆纤维。纤维细度为1dtex，而棉纤维的细度为1.5～2.5dtex，蚕丝细度为1.3dtex。莫代尔纤维具有合成纤维的强力和韧性。纤维吸湿能力比棉纤维高出50%，这使其织物可保持干爽、透气。莫代尔纤维织物是理想的贴身织物和保健服饰产品，有利于人体的生理循环和健康。良好的形态与尺寸稳定性使织物具有天然的抗皱性和免烫性，穿着更加方便、自然。面料有丝面光泽，与棉混纺可达到丝光工艺般的光泽，且面料有柔软的触摸感，悬垂性良好，经久耐穿，是一种绿色环保型纤维。纤维的染色性能较好，经过多次洗涤仍能保持鲜艳如新，且纤维吸湿透彻，色牢度好。与纯棉相比，其织物穿着更舒适，没有纯棉服装易褪色、发黄的缺点。因此织物色彩鲜艳、面料服用性能稳定。与棉织物一起经过25次洗涤后，棉织物手感将越洗越硬，而莫代尔纤维面料恰恰相反，越洗越柔软，越洗越亮丽。

6. 天丝

天丝（Tencel）是一种全新的再生纤维素纤维（木浆纤维），采用以氯化铵为基础的溶剂纺织技术制取而成，溶剂能被回收，是一种环保型纤维，因被称作"21世纪的黏胶纤维"而被广泛应用。天丝面料湿强高,具有良好的尺寸稳定性和吸湿性。面料色泽鲜艳,手感柔顺滑糯,具有天然纤维的舒适感。在潮湿的环境中天丝面料会吸湿膨胀,大大缩小纱线及纤维的间隙,有效阻止雨雪入浸又不失其特有的透气性。

7.竹炭纤维

竹炭黏胶纤维是由毛竹制得的竹炭经过特殊加工工艺粉碎成纳米级超细粉体,然后加入黏胶中开发的功能性纤维。该黏胶纤维包含有竹炭微粉,因为竹炭拥有超大比表面积、超高吸附等特性,所以该纤维充分体现出了竹炭所具有的吸附异味、散发淡雅清香、防菌抑菌、遮挡电磁波辐射、发射远红外线、调节温湿度、美容护肤等功效,是新一代绿色环保纤维。用该纤维可以制作医疗防护服饰、婴幼及孕妇防护服、床上用品、高档内外衣面料、宾馆及家庭装饰用品、车船等交通工具装饰用品;还可以做空气过滤用材、家用电器防电磁波辐射面罩等。

8.竹纤维

竹纤维是用竹浆粕制成的黏胶纤维,具有手感柔软、吸湿、透气性好、穿着凉爽舒适、光泽亮丽等特点,而且织物耐磨性、悬垂性好,具有较好的天然抗菌效果。经测验,竹纤维对大肠杆菌、金黄葡萄球菌等多种细菌有很好的抗菌、抑菌效果。竹纤维由于横截面上布满了近似椭圆形的空洞,有许多管状空隙,是一种天然的中空纤维。竹纤维的毛细效应极其发达,有利于吸收和蒸发水分,因此穿着时会感到凉爽舒适。竹纤维是夏季针织面料和贴身纺织品的重要原料。

(二)再生蛋白质纤维

1.大豆纤维

大豆纤维属于再生植物蛋白纤维类,是以榨过油的大豆豆粕为原料,利用生物工程技术提取出豆粕中的球蛋白,再通过添加功能性助剂与氰基、羟基等高聚物接枝、共聚、共混,制成一定浓度的蛋白质纺丝液,改变蛋白质空间结构,最后经湿法纺丝而成。其有着羊绒般的柔软手感、蚕丝般的柔和光泽、棉的保暖性和良好的亲肤性等优良性能,还有明显的抑菌功能,被誉为"新世纪的健康舒适纤维"。图1-20为大豆纤维及其织物。

图1-20 大豆纤维及其织物

纤维结构不光滑,表面沟槽导湿。截面呈不规则哑铃形,海岛结构,有细微孔隙,透气导湿。

由于大豆蛋白纤维是采用聚酰胺和大豆复合纺制的,面料中大豆蛋白纤维含量超过50%,因此其经常受磨损部位比较容易起毛、起球,对服用性能有一定影响。

大豆纤维具有极佳的手感和肌肤触感,柔软舒适和华贵的穿着效果,常用作内衣面料。

大豆纤维的缺点：耐酸碱性差，不耐盐，不耐日光，在阳光下长时间暴晒强度会降低，同时会泛黄。染色性较差，色彩不够艳丽。

2. 牛奶纤维

牛奶纤维是以牛奶作为基本原料，经过脱水、脱油、脱脂、分离、提纯，使之成为一种具有线型大分子结构的乳酪蛋白，再与聚丙烯腈采用高科技手段进行共混、交联、接枝，制备成纺丝原液，最后通过湿法纺丝成纤、固化、牵伸、干燥、卷曲、定形短纤维切断（长丝卷绕）而成的。它是一种有别于天然纤维、再生纤维和合成纤维的新型动物蛋白纤维，又称牛奶丝。

特点如下。

① 柔软性、亲肤性等同或优于羊绒。

② 透气、导湿性好、爽身。

③ 保暖性接近羊绒，保暖性好。

④ 耐磨性、抗起球性、着色性、强力均优于羊绒。

⑤ 由于牛奶蛋白中含有氨基酸，相当于人的一层皮肤，皮肤不会排斥这种面料，因而对皮肤有养护作用。

⑥ 不使用甲醛偶氮类助剂或原料，纤维甲醛含量为零；富含对人体有益的18种氨基酸，能促进人体细胞新陈代谢，防止皮肤衰老、瘙痒，营养肌肤；具有天然保湿因子，因此能保持皮肤水分含量，使皮肤柔润光滑，减少皱纹；具有广谱抑菌功能，持久性强，天然抑菌功能达99%以上，抗菌率达80%以上。

⑦ 具有羊绒般的手感，其单丝纤度细，相对密度小，断裂伸长率、卷曲弹性、卷曲回复率最接近羊绒和羊毛，纤维蓬松细软，触感如羊绒般柔软、舒适、滑糯；纤维白皙，具有丝般的天然光泽，外观优雅，抗日晒牢度、抗汗渍牢度达3～4级。

四、合成纤维

（一）涤纶

1. 强度高

由于吸湿性较低，涤纶的湿态强度与干态强度基本相同。耐冲击强度比锦纶高4倍，比黏胶纤维高20倍。

2. 弹性好

弹性接近羊毛，当伸长5%～6%时，几乎可以完全回复。耐皱性超过其他纤维，即织物不折皱，尺寸稳定性好。涤纶织物具有较高的强度与弹性回复能力，因此，其坚牢耐用、抗皱免烫。

3. 耐热性

涤纶表面光滑，内部分子排列紧密，且熔点比较高，而比热容和热导率都较小，因而涤纶纤维的耐热性和绝热性要高些，是合成纤维中最好的。

4. 热塑性好，抗熔性较差

涤纶是通过熔纺法制成的，成形后的纤维可再经加热熔化，属于热塑性纤维。可制作百褶裙，且褶裥持久。同时，涤纶织物的抗熔性较差，遇着烟灰、火星等易形成孔洞。因此，穿着时应尽量避免与烟头、火花等接触。

5.耐磨性好

耐磨性仅次于耐磨性最好的锦纶，比其他天然纤维和合成纤维都好。

6.耐光性好

涤纶织物的耐光性较好，除比腈纶差外，其耐晒能力胜过天然纤维织物。尤其是在玻璃后面的耐晒能力很好，几乎与腈纶不相上下。

7.耐腐蚀

可耐漂白剂、氧化剂、烃类、酮类、石油产品及无机酸。耐稀碱，不怕霉，但热碱可使其分解。还有较强的抗酸碱性，抗紫外线的能力。

8.染色性较差

染色性较差，但色牢度好，不易褪色。涤纶分子链上因无特定的染色基团，而且极性较小，所以染色较为困难，易染性较差，染料分子不易进入纤维。

9.吸湿性较差

吸湿性较差，穿着有闷热感，同时易带静电、沾染灰尘，影响美观和舒适性。不过洗后极易干燥，且湿强几乎不下降，不变形，有良好的洗可穿性能。

涤纶是合成纤维中应用面最广的一种纤维，它的服用性能优良，可以制成棉纤维长丝、毛纤维长丝及长丝等各种状态，能仿棉、仿毛、仿丝及仿麻，并且可以与棉、毛、丝、麻等纤维进行混纺制成棉型织物、毛型织物、仿丝绸织物及麻型织物，且织物在服装面料市场占有很高的比例。它最主要的缺点就是吸湿性差，导致涤纶抗静电性、染色性下降，从而影响了它的舒适性能，但由于它易洗快干、抗皱，适合现代人快捷的生活方式，因此，涤纶织物在服装市场一直受到消费者的青睐。

（二）锦纶

用于衣着的锦纶有锦纶-6和锦纶-66，其最突出的优点是耐磨性高于其他所有纤维，比棉花耐磨性高10倍，比羊毛高20倍。在混纺织物中稍加入一些锦纶，可大大提高其耐磨性。当锦纶被拉伸至3% ~ 6%时，弹性回复率可达100%；其能经受上万次折挠而不断裂。锦纶的强度比棉花高1 ~ 2倍，比羊毛高4 ~ 5倍，是黏胶纤维的3倍。但锦纶的耐热性和耐光性较差，保持性也不佳，做成的衣服不如涤纶挺括。另外，用于衣着的锦纶-66和锦纶-6都存在吸湿性和染色性差的缺点，为此人们开发了锦纶的新品种——锦纶-3和锦纶-4。它们具有质轻、防皱性优良、透气性好以及耐久性良好、染色性良好和热定型等特点，因此被认为是很有发展前途的纤维材料。

优点如下。

① 强度及耐磨性好，居所有纤维之首。

② 弹性高以及回复性极好，不易变形，不易皱，耐碱性十分好，防虫及防霉性都很好，便于保存。

缺点如下。

① 吸湿性及透气性不好。在高温之下保存，锦纶会软化或熔化。

② 不能长时间受阳光照射，天气干燥时易产生静电，怕火，应避免与烟火、火星接触。

（三）腈纶

其性能与羊毛很接近，又有"人造羊毛"之称。腈纶手感蓬松，保暖性好，耐日光性强，但耐磨性差，染色性能好，色彩艳丽，相对密度小。制成的服装轻薄保暖，适用于做冬季保暖服装、毛衣等。其吸湿性较差，容易沾污。

优点如下。

① 耐酸碱性　在常温强碱作用下，强度无显著变化，但高温低碱作用下，强度会受到损害。耐酸情况与耐碱情况相似，在常温高浓度无机酸中稳定，在高温低浓度酸中则会受影响。

② 耐光性　腈纶具有优良的抗日光性能，居所有化纤之首，在强光下暴晒不褪色，强度不下降，是制作窗帘、遮阳伞的常用纤维。

③ 抗氧化性、还原性　腈纶有优良的抗氧化性能，在还原剂中也较稳定。方便洗涤，防虫、防霉。

④ 不易折皱，弹性手感与羊毛相似，保暖性比羊毛好（适合作羊毛的代用品，价钱经济）。

缺点如下。

① 耐磨性在所有化纤中属一般，摩擦后易产生静电，易吸附灰尘。

② 吸湿性较差，透气性一般，穿着时会有闷气感，舒适性不好，易燃烧。

（四）维纶

维纶的最大特点是吸湿性好，吸湿率为4.5%～5%；强度比涤纶差，稍高于棉花，比羊毛高很多；化学稳定性好，不耐强酸，耐碱；耐日光性与耐气候性也很好，但它耐干热而不耐湿热，耐热水性不够好；弹性较差，织物易起皱；染色较差，色泽不鲜艳。

维纶是合成纤维中吸湿性最大的品种，接近于棉花，有"合成棉花"之称。因此维纶织布穿着舒适，适宜制内衣。其在一般有机酸、醇、酯及石油等溶剂中不溶解，不易霉蛀，在日光下暴晒强度损失不大。

（五）丙纶

① 纤维形态。丙纶的纵面平直光滑，截面呈圆形。

② 密度。其密度仅为0.91g/cm³，是常见化学纤维中密度最小的品种，所以同样重量的丙纶比其他纤维得到的覆盖面积更高。

③ 强伸性。丙纶的强度高，伸长大，初始模量较高，弹性优良，所以丙纶耐磨性好。此外，丙纶的湿强基本等于干强，所以它是制作渔网、缆绳的理想材料。

④ 吸湿性和染色性。丙纶几乎不吸湿，一般大气条件下的回潮率接近于零。但它有芯吸作用，能通过织物中的毛细管传递水蒸气，而本身不起任何吸收作用。丙纶的染色性较差，色谱不全，但可以采用原液着色的方法来弥补。

⑤ 耐酸、耐碱性。丙纶有较好的耐化学腐蚀性，除了浓硝酸、浓的苛性钠外，丙纶对酸和碱的抵抗能力良好，所以适于用作过滤材料和包装材料。

⑥ 耐光性。丙纶耐光性较差，热稳定性也较差，易老化，不耐熨烫。

⑦ 强度高。丙纶弹力丝强度仅次于锦纶，但价格却只有锦纶的1/3。制成的织物尺寸稳定，耐磨性也不错，化学稳定性好。但热稳定性差，不耐日晒，易于老化脆损，为此常在丙纶中加入抗老化剂。丙纶常用于制作地毯。

（六）氯纶

氯纶的纵面平滑，或有1～2根沟槽，截面接近圆形。

① 燃烧性能　由于氯纶的分子中含有大量的氯原子，所以具有难燃性。氯纶离开明火后会

立即熄灭,这种性能在国防上具有特殊的用途。

② 强伸性　氯纶的强度接近于棉,断裂伸长率大于棉,弹性比棉好,耐磨性也强于棉。

③ 吸湿性和染色性　氯纶的吸湿性极小,几乎不吸湿。且氯纶染色困难,一般只可用分散性染料染色。

④ 化学稳定性　氯纶耐酸碱、氧化剂和还原剂的性能极佳,因此,氯纶织物适宜做工业滤布、工作服和防护用品。

⑤ 保暖性、耐热性　氯纶重量轻,保暖性好,适于做潮湿环境和野外工作人员的工作服。此外,氯纶的电绝缘性强,易产生静电,且耐热性能差,在60～70℃时开始收缩,到100℃时分解,因此在洗涤和熨烫时必须注意温度。

氯纶织物是不易燃烧的织物,且耐磨保暖。其保暖性比棉织物高50%,比羊毛高10%～20%。氯纶织物多用于窗帘、帷幕、内衣、防护服等。

（七）氨纶

氨纶具有高度弹性,能够拉长6～7倍,张力消除后能迅速回复到初始状态。强度比乳胶丝高2～3倍,线密度也更细,并且更耐化学降解。氨纶的耐酸碱性、耐汗性、耐海水性、耐干洗性、耐磨性均较好。它具有独特的高伸长性、高弹性,但吸湿性差。氨纶一般用于为满足舒适性要求需要拉伸的服装,如专业运动服、健身服及锻炼用服装、潜水衣、游泳衣、篮球服、胸罩和吊带、滑雪裤、牛仔裤、休闲裤、袜子、护腿、尿布、紧身裤、带子、连体衣、氨纶贴身衣、男性芭蕾舞演员用的绑带、外科手术用防护衣、后勤部队用防护衣、骑单车用短袖、摔跤背心、划船用套装、内衣、表演服装等。

氨纶用在一般衣服上的比率较小。在北美,其用在男性衣服上很少,用在女性衣服上较多。因为女性的衣服都要求比较贴身,所以在使用时都会加入大量其他纤维如棉、聚酯混纺,提高其舒适度。

优点如下。

① 具独特的弹性,能伸延5～6倍,而且在伸延2倍后仍能回复原状。

② 吸湿性、透气性接近天然纤维,耐光性、耐磨性都很好。

③ 具有较高的可塑性,能体现服装造型的曲线美。

缺点如下。

① 一般不单独使用,而是少量地掺入织物中。

② 容易清洗,避免加入漂白剂,因为漂白剂会损害弹性纤维,令衣物变黄。

五、功能性纤维

随着社会和生产技术的发展,物质生活丰富多彩,人们开始追求舒适、美好的生活空间,对时装和流行、运动和休闲、环境和健康的高质量要求日益迫切,希望当今的纤维材料更接近自然,赋予其天然纤维般的手感与光泽,并要求其具有多功能性、复合性,由此高性能多功能纤维应运而生。下面介绍几种应用于服装材料方面的功能性纤维。

1.超蓬松纤维

利用异收缩混纤丝技术开发出的超蓬松纤维可制造出具有丰满感的织物。具有高悬垂性和回弹性,适合制作各类填充料。

2.异形截面纤维

异形截面纤维可以使织物的光泽、硬挺度、弹性、手感、吸湿性、蓬松性、抗起毛起球性、耐污性等得到改善。不同形状的截面赋予纤维不同的性能和风格。三角形截面给予纤维真丝般的光泽和优良的手感；中空三角形截面有调和的色调和身骨；星形截面有柔和的光泽、干燥感、较好的吸水性；U形截面有柔和的光泽、干燥的手感、有身骨；W形截面具有螺旋卷曲、羊毛般的蓬松性及粗糙感；箭形截面具有干燥的触感、自然的表面形态及滑爽的清凉感等。异形截面纤维主要用于丝绸产品、仿毛织物、针织产品等方面。

3.防水透湿纤维

普通雨衣能防止雨水渗透，但不利于内部汗水或水蒸气的排放。防水透湿纤维材料可以克服上述缺点，达到防水、透湿、穿着舒适的效果。

4.防辐射纤维

防辐射纤维有两种：一种是纤维本身就有耐辐射性的，称之为耐辐射纤维；另一种是复合型防辐射纤维，通过往纤维中添加其他化合物或元素使纤维具有耐辐射能力。

5.防紫外线纤维

阳光中的长波紫外线对人体有害，长期照射可增加患皮肤癌的风险，因此，防紫外线穿透的纤维应运而生。用这种纤维制成的工作服对夏天野外作业的人员，如军人、交通警察、地质工作人员、建筑工人等，具有一定的防护功能。其中一类是腈纶，自身就有一定的防紫外线功能；另一类是添加防紫外线剂的纤维。例如，日本可丽乐公司开发的"Esumo"是混入了可吸收紫外线、反射可见光和红外线的陶瓷粉末的聚酯纤维；东丽公司开发的"Arofuto"也是混入陶瓷的防紫外线纤维。

6.保温纤维

利用碳化锆具有的高效吸收可见光、反射红外线的特性，将其制成零点几微米的超微小粒子，然后与高聚物共混后作芯材，将此芯材与作为皮材的锦纶或涤纶进行复合，制成5.6tex、16.7tex的涤纶和3.3tex、7.8tex的锦纶长丝。用这种长丝做衣服，能高效吸收阳光中的可见光并转换为热量，再释放到衣服内部，而释放到衣服内部的热量和人体产生的热量被其反射，阻止热量向外扩散，提高了衣服的保暖性。这种纤维还可制成滑雪服、紧身衣、防风运动服等。

7.防臭消臭纤维

防臭消臭纤维是能够抑制微生物繁殖或杀死细菌的功能性纤维，在纺丝液中添加活性炭微粒可以吸收臭味，但不能有效阻止臭味产生。新型防臭消臭纤维是在纤维纺丝液中添加有效的消臭剂，如利用硫酸亚铁-维生素络合物中和生成硫化铁的化学反应，或把它制成试剂混入纤维中，即加工成消臭织物。目前该纤维已形成商品化，主要用于制作床上用品、毛毯、地毯、鞋垫、卫生间用品、汽车内装饰用品等。

8.温控纤维

温控纤维是指根据环境温度变化，在一定的温度范围内可自由调节人体温度的纤维。其中，微胶囊法温控纤维是使用一种能储存热量并在低温时保持热量的相变物质制成微胶囊，加到高聚物溶液中，然后纺制成纤维。这种相变物质微胶囊在纤维中起到温控作用，其保温性完全不受环境影响，可用于宇航服、保暖手套、保暖内衣等方面。

第三节 各种纤维性能比较

（一）耐磨性

织物抵抗磨损的特性称为耐磨性。影响织物耐磨性的因素有纱线的结构、织物的编织以及染整后加工特性等，但纤维特性是织物耐磨性的主要影响因素。

天然纤维中，羊毛的耐磨性较好，棉、麻、丝的耐磨性次之。

化学纤维中，锦纶的耐磨性最好，其他依次为涤纶、维纶、丙纶、氯纶，腈纶的耐磨性最差。

（二）耐热性

织物在高温下保持其力学性能的能力称为耐热性。织物的耐热性取决于纤维的耐热性。

天然纤维中，麻的耐热性最好，其次是蚕丝和棉，羊毛最差。

化学纤维中，黏胶纤维、涤纶的耐热性非常好，其次是腈纶，而锦纶、维纶、丙纶的耐热性较差。锦纶遇热收缩，维纶不耐湿热，丙纶不耐干热。氯纶是耐热性最差的。

（三）耐碱性

耐碱性是指织物在碱性溶液中受损伤的情况。

天然纤维中，纤维素纤维比蛋白质纤维耐碱性能好，故棉、麻、黏胶纤维能耐碱，它们的耐碱性按强度依次为棉＞麻＞黏胶纤维。蚕丝和羊毛的耐碱性很差，碱对它们有强烈的腐蚀作用。碱浓度越大，温度越高，腐蚀作用越强。

化学纤维中，氯纶在室温下不受碱影响。维纶、丙纶耐碱性尚可。腈纶在强碱液中会溶解，锦纶耐碱性好于涤纶，涤纶耐碱性是最差的。强碱会腐蚀涤纶表面，但它在弱碱中稳定性尚好。

（四）耐酸性

耐酸性是指纤维对酸的抵抗能力。

天然纤维中，一般蛋白质纤维耐酸性优于纤维素纤维。羊毛和蚕丝不受或较少受有机酸和无机酸的影响，但随着温度升高和酸浓度增大，强酸对其破坏作用会增加。棉、麻和黏胶纤维耐酸性较差，有机酸对棉纤维影响不大，而硫酸、盐酸、硝酸等无机酸对棉纤维破坏作用很大，麻对酸的稳定性比棉好些，加热条件下酸会使麻受到损伤，而冷浓酸对麻几乎不发生作用。

化学纤维中，丙纶和氯纶的耐酸性最好，涤纶的耐酸性也较好，它们在有机酸和无机酸中都有良好的稳定性。腈纶能耐有机酸，但在浓硫酸中会溶解。锦纶在合成纤维中是耐酸性最差的，各种浓酸都会使其分解。维纶则易溶解于强酸中。

（五）抗氧化性

水洗时为了漂白去色渍，常用含氯和含氧的漂白剂，利用氧化反应除去色渍。纤维的抗氧化性是指在氧化条件下纤维的稳定性。

天然纤维中，棉织物可氯漂。麻、丝对氯漂都较敏感，不宜用浓氯漂液。毛和黏胶纤维氯漂时易受损伤。

化纤织物中，腈纶、维纶、氯纶、醋酯纤维、涤纶、丙纶在氧化条件下稳定，锦纶不宜用浓氯漂液漂白，需要时可用双氧水漂洗。铜铵纤维抗氧化性最差，即不抗氯漂也不抗氧漂。

（六）抗还原性

抗还原性是指在还原剂如保险粉溶液中纤维的稳定性。丝、毛对还原剂不敏感。腈纶、维纶、涤纶抗还原能力较强，黏胶纤维在还原条件下不稳定，丙纶在还原剂溶液中易受损伤。

（七）燃烧性

曾有通风不好的洗衣厂将烘干未经冷却的布草堆放在一起，由于未能迅速散热，结果引起燃烧。因此，对织物纤维的燃烧性的了解，对于避免火灾是有好处的。

纤维素纤维如棉、麻织物是易燃烧的。蛋白质纤维中羊毛、蚕丝是可燃的。

化学纤维织物中腈纶易燃，锦纶、涤纶、维纶是可燃的，氯纶是难燃的。

（八）溶解性

在洗涤去渍处理时，常常要用一些溶剂来去掉织物上的斑渍，可是有的溶剂能溶解纤维，势必会在去渍的同时带来织物的损伤。这里简单介绍某些纤维的溶解性。例如，醋酯纤维（醋纤、醋酯人毛丝）在常温下能溶于丙酮、二氯甲烷中，聚酰胺纤维（锦纶）常温下能溶于蚁酸、甲酚、苯酚、氯化钙–甲醇饱和溶液中，高温时能溶于苯甲醇、冰醋酸、乙二醇等溶液中。

第四节　纤维的常用鉴别方法

利用纺织纤维的外观形态特征以及某些物理化学性质来鉴别纤维。

一、鉴别纤维的常见方法

1.手感目测法

通过综合的感官印象对纤维种类进行初步判断和估计。

鉴别依据：纤维手感，长度、细度及其整齐度，强力，光泽，含杂情况，卷曲形态等等。

2.燃烧法

鉴别依据：纤维化学组成不同，其燃烧特征也不同。

该法不适用于阻燃纤维。

纤维燃烧特征如表1-1所示。

表1-1　纤维燃烧特征

燃烧状态 纤维名称	靠近火焰	接触火焰	离开火焰	气味	残留物特征
棉、麻、黏纤、铜铵纤维	不缩不熔	迅速燃烧	继续燃烧	烧纸的气味	少量灰黑或灰白色灰烬
蚕丝、毛	卷曲且熔	卷曲，熔化，燃烧	缓慢燃烧，有时自行熄灭	烧毛发的臭味	松而脆的黑色颗粒或焦炭状

燃烧状态 纤维名称	靠近火焰	接触火焰	离开火焰	气味	残留物特征
涤纶	熔缩	熔融，冒烟，缓慢燃烧，小火花，有溶液滴下	继续燃烧，有时自行熄灭	特殊芳香甜味	硬的黑色圆珠
锦纶	熔缩	熔融，燃烧，先熔后烧，有溶液滴下	自灭	氨基味	坚硬淡棕透明圆珠
腈纶	收缩、发焦	微熔，燃烧，明亮火花	继续燃烧，冒黑烟	辛辣味	黑色不规则小珠，易碎
丙纶	熔缩	熔融，燃烧，有溶液滴下	继续燃烧	石蜡味	灰白色硬透明圆珠
氨纶	熔缩	熔融，燃烧	自灭	特异气味	白色胶状
氯纶	熔缩	熔融，燃烧，大量黑烟	自行熄灭	刺鼻气味	深棕色硬块
维纶	收缩	收缩，燃烧	继续燃烧，冒黑烟	特有香味	不规则焦茶色硬块
溶解性纤维	不熔不缩	迅速燃烧	继续燃烧	烧纸味	少量灰黑色灰
莫代尔纤维	不熔不缩	迅速燃烧	继续燃烧	烧纸味	少量灰黑色灰
大豆蛋白纤维	收缩	燃烧有黑烟	不易燃烧	烧毛发臭味	松脆黑灰微量硬块
竹纤维	不熔不缩	迅速燃烧	继续燃烧	烧纸味	少量灰黑色灰
牛奶纤维	收缩微熔	逐渐燃烧	不易燃烧	烧毛发臭味	黑色硬块
甲壳素纤维	不熔不缩	迅速燃烧保持	继续燃烧	轻度烧毛发臭	黑色至灰白色易碎

3. 显微镜观察法

利用显微镜观察纤维的纵向和横断面形态特征来鉴别各种纤维是广泛采用的一种方法。它既能鉴别单成分的纤维，也可用于多种成分混合而成的混纺产品的鉴别。天然纤维有其独特的形态特征，如棉纤维的天然转曲、羊毛的鳞片、麻纤维的横节竖纹、蚕丝的三角形断面等，用生物显微镜能正确地辨认出来。而化学纤维的横断面多数呈圆形，纵向平滑，呈棒状，在显微镜下不易区分，必须与其他方法结合才能鉴别。表1-2为常见纤维纵横向结构特征。

表1-2　常见纤维纵横向结构特征

纤维名称	纵向形态特征	横向形态特征
棉	扁平带状，有天然转曲	腰圆形，有中腔
苎麻	有横节、竖纹	腰圆形，有中腔及裂纹
亚麻	有横节、竖纹	多角形，中腔小
羊毛	表面有鳞片	圆形或接近圆形，有些有毛髓
兔毛	表面有鳞片	哑铃形
桑蚕丝	表面发树干状，粗细不匀	不规则三角形或半椭圆形
柞蚕丝	表面发树干状，粗细不匀	相当扁平的三角形或半椭圆形
黏胶纤维	有细沟槽	锯齿形，有皮芯结构
维纶	有1～2根沟槽	腰圆形
腈纶	平滑，或者有1～2根沟槽	圆形或哑铃形
涤纶、锦纶、丙纶	平滑	圆形

4.药品着色法

药品着色法是根据各种纤维对某种化学药品的着色性能不同来迅速鉴别纤维品种的方法，此法适用于未染色的纤维或纯纺纱线和织物。鉴别纺织纤维用的着色剂分专用着色剂和通用着色剂两种。前者用以鉴别某一类特定纤维，后者是由各种染料混合而成。着色剂可将各种纤维染成各种不同的颜色，然后根据所染的颜色不同鉴别纤维。通常采用的着色剂有碘-碘化钾溶液。

碘-碘化钾溶液是将20g碘溶解于100mL的碘化钾饱和溶液中。把纤维浸入溶液中0.5～1min，取出后水洗干净，根据着色不同判别纤维品种。

几种纺织纤维的着色反应如表1-3所示。

表1-3　纤维着色反应

纤维名称	碘-碘化钾溶液	纤维名称	碘-碘化钾溶液
纤维素纤维	不染色	锦纶	黑褐色
蛋白质纤维	淡黄色	腈纶	褐色
黏胶纤维	黑蓝色	维纶	蓝灰色
醋酯纤维	黄褐色	丙纶	不染色
涤纶	不染色	氯纶	不染色

5.其他方法

由于纤维燃烧实验法和显微镜观察法鉴别纤维带有一定的人为因素，如观察者的判断等，不能完全准确地鉴别纤维种类。并且随着科学技术的发展，很多异形纤维不断涌现，显微镜观察法也有一定的局限性。结合其他方法进行鉴别，能够准确判断纤维种类。这些方法包括药品溶剂法、熔点法、比重法、双折射法、红外光谱法、X射线衍射法等。

二、面料纤维成分简单鉴别

鉴别服装面料成分的简易方法是燃烧法。做法是在服装的缝边处抽下一缕包含经纱和纬纱的布纱，用火将其点燃，观察燃烧火焰的状态，闻布纱燃烧后发出的气味，看燃烧后的剩余物，从而判断其与服装标签上标注的面料成分是否相符，以辨别面料成分的真伪。

（一）棉纤维与麻纤维

棉纤维与麻纤维都是刚近火焰即燃，燃烧迅速，火焰呈黄色，冒蓝烟。二者在燃烧时散发的气味及烧后灰烬的区别：棉燃烧发出纸气味，麻燃烧发出草木灰气味；燃烧后，棉有极少粉末灰烬，呈黑或灰色，麻则产生少量灰白色粉末灰烬。

（二）毛纤维与真丝

毛遇火冒烟，燃烧时起泡，燃烧速度较慢，散发出头发烧焦的臭味，烧后灰烬多为有光泽的黑色球状颗粒，手指一压即碎。真丝遇火缩成团状，燃烧速度较慢，伴有咝咝声，散发出毛发烧焦味，烧后结成黑褐色小球状灰烬，手捻即碎。

（三）锦纶与涤纶

锦纶近火焰即迅速卷缩熔融成白色胶状，在火焰中熔燃滴落并起泡，燃烧时没有火焰，离开火焰难继续燃烧，散发出芹菜味，冷却后浅褐色熔融物不易研碎。涤纶易点燃，近火焰即熔缩，燃烧时边熔化边冒黑烟，呈黄色火焰，散发芳香气味，烧后灰烬为黑褐色硬块，用手指可捻碎。

（四）腈纶与丙纶

腈纶近火软化熔缩，着火后冒黑烟，火焰呈白色，离火焰后迅速燃烧，散发出火烧肉的辛辣气味，烧后灰烬为不规则黑色硬块，手捻易碎。丙纶近火焰即熔缩，易燃，火焰上端黄色，下端蓝色，散发出石油味，离火燃烧缓慢并冒黑烟，烧后灰烬为硬圆浅黄褐色颗粒，手捻易碎。

（五）维纶与氯纶

维纶不易点燃，近焰熔融收缩，燃烧时顶端有一点火焰，待纤维都熔成胶状后火焰变大，有浓黑烟，散发苦香气味，燃烧后剩下黑色小珠状颗粒，可用手指压碎。氯纶难燃烧，离火即熄，火焰呈黄色，下端为绿色烟，散发刺激性刺鼻辛辣酸味，燃烧后灰烬为黑褐色不规则硬块，手指不易捻碎。

（六）氨纶与氟纶

氨纶近火边熔边燃，燃烧时火焰呈蓝色，离开火继续熔燃，散发出特殊刺激性臭味，燃烧后灰烬为软蓬松黑灰。氟纶近火焰只熔化，难引燃，不燃烧，边缘火焰呈蓝绿炭化，熔而分解，气体有毒，熔化物为硬圆黑珠。氟纶纤维在纺织行业常用于制造高性能缝纫线。

（七）黏胶纤维与铜铵纤维

黏胶纤维易燃，燃烧速度很快，火焰呈黄色，散发烧纸气味，烧后灰烬少，呈光滑扭曲带状浅灰或灰白色细粉末。铜铵纤维，近火焰即燃烧，燃烧速度快，火焰呈黄色，散发酯酸味，烧后灰烬极少，仅有少量灰黑色灰。

第二章

纱线

纤维的基本特性是影响织物性能的最重要因素，而由纤维纺成的纱线同样对织物的性能产生至关重要的作用，因为纱线是构成服装面料机织物和针织物的关键。纱线由纤维纺制而成，纱线的品质在很大程度上决定了织物和服装的表面特征和性能，如织物的光泽、悬垂、轻重、冷暖、质地的丰满与柔软、挺拔与弹性，以及服装穿着的牢度、耐磨性、抗起毛起球性等都与纱线的结构有关。本章主要讨论影响织物性能的纱线结构和技术指标，指导消费者正确评价与选择面料。

第一节　纱线的定义与分类

一、纱线的定义

纱：由各种纤维沿长度方向排列，并加捻得到的纤维集合体，又叫单纱。

线：由两根或两根以上的单纱经加捻组成的纱的集合体。

二、纱线的分类

1.按纱线原料分类

（1）纯纺纱　纯纺纱是由一种纤维材料纺成的纱，如棉纱、毛纱、麻纱和绢纺纱等。此类纱适宜制作纯纺织物。

（2）混纺纱　混纺纱是由两种或两种以上的纤维所纺成的纱，如涤纶与棉的混纺纱、羊毛与黏纤的混纺纱等。此类纱用于同时突出两种纤维优点的织物。

2.按纱线粗细分类

（1）粗特纱　粗特纱指32tex及其以上（18英支及以下）的纱线。此类纱线适于粗厚织物，如粗花呢、粗平布等。

（2）中特纱　中特纱指21～32tex（19～28英支）的纱线。此类纱线适于中厚织物，如中平布、华达呢、卡其等。

（3）细特纱　细特纱指11～20tex（29～54英支）的纱线。此类纱线适于细薄织物，如细布、府绸等。

（4）特细特纱　特细特纱指10tex及其以下（58英支及以上）的纱线。此类纱线适于高档精细面料，如高支衬衫、精纺贴身羊毛衫等。

3.按纺纱系统分类

（1）精纺纱　精纺纱也称精梳纱，是指通过精梳工序纺成的纱。纱中纤维平行伸直度好，条干均匀、光洁，但成本较高，纱支较高。精梳纱主要用于高级织物及针织品的原料，如细纺、华达呢、花呢、羊毛衫等。

（2）粗纺纱　粗纺纱也称粗梳纱，是指按一般的纺纱系统进行梳理，不经过精梳工序纺成的纱。粗纺纱中短纤维含量较多，纤维平行伸直度差，结构松散，绒毛多，纱支较低，品质较差。此类纱多用于一般织物和针织品的原料，如粗纺毛织物等。

4.按纱线用途分类

（1）机织用纱　机织用纱指加工机织物所用纱线，分经纱和纬纱两种。经纱用作织物纵向纱线，具有捻度较大、强力较高、耐磨性较好的特点；纬纱用作织物横向纱线，具有捻度较小、强力较低、柔软的特点。

（2）针织用纱　针织用纱为针织物所用纱线。纱线质量要求较高，捻度较小，强度适中。

（3）其他用纱　包括缝纫线、绣花线、编结线、杂用线等。根据用途不同，对这些纱的要求是不同的。

5. 按纤维长度分

（1）短纤维纱　由短纤维经纺纱加工而成，包括天然短纤维纱和化学短纤维纱。短纤维纱通常结构松散，且表面覆盖着由伸出纱线表面的纤维尾端构成的毛羽，故光泽柔和，手感丰满，覆盖能力强，具有良好的服用性能。

短纤维纱可以由一种纤维纺成，也可以由两种或两种以上短纤维纺成，称为混纺纱，如涤纶与棉混纺、涤纶与毛混纺、涤纶与黏纤混纺、涤纶与麻混纺、羊毛与黏纤混纺等。目前市场上经常是三种以上纤维混纺，如涤纶、黏纤、锦纶混纺纱制成的面料，综合了多种纤维的性能，优化组合，改善纱线的性能，提高织物的服用性。

（2）长丝纱　直接由高聚物溶液喷丝或由蚕丝合并而成的长丝纱，可加捻，也可以不加捻或弱捻。根据其外形，可分为普通长丝纱和变形长丝纱。

三、纱线的技术指标与特性

1. 细度

由于纤维和纱线的直径很小，且大部分纱线蓬松，无法直接测量它的直径或者截面积，在衡量纤维和纱线的细度时，一般采用相对指标：一种是定长制，即规定某种纤维或纱线的长度，在公定回潮率条件下测量它的质量，用这个质量去比较纤维和纱线的细度；另一种是定重制，规定某种纤维或纱线在公定回潮率下的质量，测量它的长度，用长度去比较不同纤维或纱线的细度。

（1）定长制指标　有两个，一个是线密度；另一个是纤度，用来衡量化纤细度。

① 线密度为1000m长的纤维或纱线在公定回潮率时的质量，单位为特克斯（tex），简称特。有多少克，就叫多少特，又叫多少号。

计算公式为：

$$T_t = \frac{G_k}{L} \times 100\%$$

式中　T_t——线密度；

　　　G_k——纱线的公定质量，g；

　　　L——纱线长度，m。

常用的棉纱规格有13tex、14.5tex、19.4tex、29tex、32tex；常用的毛纱规格有9.8tex、11.8tex、12.3tex、15.5tex等。

② 纤度，单位为旦尼尔（den），简称旦，是指在公定回潮率条件下，9000m长的纤维或纱线的质量。有多少克，就叫多少旦尼尔。如9000m长的丝重1g，称作1den；如重100g即称为100den。

定长制指标数值越大，表示纱线越粗。

（2）定重制指标

① 公制支数：指在公定回潮率下，1g重纤维或纱线的长度，有多少米就叫多少公支，简称支。

② 英制支数（S）：指在公定回潮率下，1lb重的纤维或纱线长度是840码的倍数，叫英制支数。如重1lb的纱线长度为25200码，是840码的30倍，那么这些纱就是30英支（30S）。

在实际生产和贸易过程中，人们往往还是习惯使用公支和英支这两个单位，公支与特数的换算是1000的倒数关系，如13tex的棉纱，它的公支数是77公支。

定重制指标数值越大，纱线越细。

2.捻度和捻向

为纺成具有一定强度的纱线，需要对纱线进行加捻。纱线在加工过程中，纤维条绕自身轴线回转，相互缠绕，使纤维相互抱合成纱，这一过程称为加捻。加捻是短纤维纺纱的必要过程。

捻度：纱线加捻程度的大小叫捻度。它是指纱线单位长度内的捻回数（一个捻回即纱线绕自身轴线回转一圈），是表示纱线性质的重要指标之一。通常短纤维纱的单位长度是10cm，长丝取1m，英制单位中，单位长度取1in。

捻向：纱线加捻过程中，回转方向有Z捻和S捻两种捻向，如图2-1所示。

捻度是决定纱线基本性能的重要因素，它与纱线强度、刚软性、弹性、缩率等有着直接的关系，另外还影响到纱线的光泽、光洁程度等。捻度不同，对纱线性能的影响不同，用途也不同。捻度的大小还影响织物的厚度、强度和耐磨性，同时也影响面料的手感和风格。而不同捻向的配合直接影响面料的表面风格，因此，捻度与捻向是服装材料中很重要的两个指标。

图2-1　纱线捻向

3.线规格表示

纱线的规格应标明纱线的粗细、是否加捻、所加捻度大小以及捻向、合并股数。对纱线的细度、捻度、捻向和并合股数的表示，国家标准都有明确的规定，并统一使用特克斯（tex）。

单纱表示方法如下。

线密度	tex	捻向	捻度

如40texZ660表示单纱线密度为40tex，捻向为Z捻，捻度为10cm内660个。

股线表示方法如下。

线密度	tex	单纱捻向	单纱捻度	×	并合股数	并合捻向	并合捻度

如34te×S600×2Z400表示线密度为34tex的单纱，捻向为S向，捻度为600个/10cm，经过并捻，并合数为二，并合捻向为Z向，并合捻度为400个/10cm。

一般情况下不要求捻向时，股线表示方法为：

股线的特数=组成股线的单纱特数 × 合股数

如14.5×2tex表示由14.5tex的单纱二合股制成的股线。

如果股线合股的单纱线密度不同，股线线密度用单纱线密度相加来表示，如14.5+19.4tex表示由线密度为14.5tex和19.4tex的单纱合股而成的股线。

四、纱线结构对织物性能影响

纱线的结构在很大程度上影响纱线的外观和特性，进而影响到织物和服装的外观、手感、舒适性及耐用性能等。

（一）纱线结构影响织物的外观

影响织物表面光泽的因素主要有纤维性质、织物组织结构、织物密度及后整理加工、纱线结构。

一般来说，普通长丝织物表面光滑、明亮、平整、均匀；短纤维纱织物表面绒毛丰满、光泽柔和。短纤维织物随着纱线捻度的增加，表面会变得平整而光洁；当捻度增加到一定值后，随着捻度的增加，纱线表面变得不平整，光泽也随之下降，亮度减弱。

纱线捻向也同样影响织物的外观。如平纹织物，当经纬纱采用不同捻向的纱线进行织造时，织物表面反光性一致，光泽好，织物松软厚实。斜纹织物中如华达呢，当经纱采用S捻，纬纱采用Z捻时，则经纬纱捻向与斜纹方向垂直，因而纹路清晰。又如花呢，当若干根S捻、Z捻纱线相间排列时，织物表面会产生隐条、隐格效应；当S捻与Z捻纱线或捻度大小不同的纱线捻合在一起织成时，织物表面会呈现波纹效应。

当单纱捻向与股线捻向相同时，纱中纤维倾斜程度大，光泽较暗淡，股线结构不平衡，容易产生扭结；而当单纱捻向与股线捻向相反时，股线柔软，光泽好，结构均匀。故多数织物中的纱线采用的都是单纱与股线异向，即单纱为Z捻，股线为S捻，股线结构均衡稳定，强度较高。

（二）纱线结构影响织物的手感

随着纱线捻度的增加，纱线结构紧密，手感挺括，织物手感也越来越挺爽。夏季服装一般采用高捻度纱织造，织物有凉爽感；低捻度的纱蓬松而柔软，适宜做冬季服装及婴幼儿服装。单纱与股线异向捻的纱线比同向捻的纱线手感松软。

（三）纱线结构对舒适性的影响

1.保暖性

纱线的结构特征与服装的保暖性有一定关系，因为纱线的结构决定了纤维间能否形成静止的空气层。纱线结构蓬松，织物中的空隙较多，形成空气层。无风时，空隙内静止空气较多，保暖性较好；而有风时，空气能顺利通过纱线之间，所以凉爽性较好。对于结构紧密的纱线，由其织成的织物结构也相对较为紧密，因此空气流动受到阻碍，保暖性就较好；但结构过于紧密时，织物中滞留的空气减少，即静止空气减少，则保暖性就差。

2.吸湿性

纱线的吸湿性取决于纤维特性和纱线结构。如长丝纱光滑，织成的织物易贴在身上，如果织物比较紧密，湿气就很难渗透织物。短纤维纱线表面有绒毛，能减少与皮肤的接触，改善织物透气性，使穿着舒适。

（四）纱线结构对耐用性的影响

① 纱线的拉伸强度、弹性和耐磨性等影响服装的耐用性。

② 纱线结构对起毛起球性能的影响。长丝纱中一根纤维断裂后，一端仍附在纱中，断裂一端自身卷曲，受摩擦起球；混纺短纤纱线，抱合力差，容易脱出。

③ 对弹性的影响。对短纤纱施加一定外力，短纤从卷曲被拉直，取消外力，其可回复弹性；而在短纤被拉直后继续对其加力，则短纤之间会滑移或滑脱，这时取消外力就会产生不可回复变

形。对长丝纱施加外力，由于其本身不卷曲，延伸程度取决于纤维的性能，因此其弹性较小。捻度大的纱线，纤维间摩擦也较大，因此在弹性范围内，其不易被拉伸，弹性相对较差；而捻度小的纱线，纤维间摩擦力较小，相对较易被拉伸，弹性较好。

第二节　新型纱线

一、变形纱

化学原丝在热和机械作用下，经过变形加工使之成为具有卷曲、螺旋、环圈等外观特性而形成蓬松性、伸缩性的长丝纱，亦称为变形丝，包括高弹变形丝、低弹变形丝、空气变形丝、网络丝等。

未经变形的纱线具有挺直、光滑的外观，表面无毛羽，不蓬松，不透气，手感光滑，经变形处理后，长丝会形成各种弯曲或卷曲的形状。这样不仅改变了纱的外观，而且还改善了纱的吸湿性、透气性、柔软性、弹性和保暖性。这是因为卷曲的外形有利于在纱中形成空气层，增加了保暖性。纱线越蓬松、越柔软，其保暖性越好。变形处理使单纤之间处于分离状态，微风可以透过由变形纱织成的面料，从而加强了热交换和湿气的蒸发，有助于穿着的舒适性。经变形处理的纱，表面蓬松而卷曲，使织物不紧贴皮肤，与人体之间形成点接触，接触面积减小，而且手感柔软，覆盖性好，织物表面光泽下降，形成柔和自然的外观效应，给人以天然纤维的视觉感。

总之，变形纱可大大提高合成纤维长丝的外观和服用性能。

二、花式纱线

花式纱线是指在纺纱和制线过程中采用特种原料、特种设备或特种工艺对纤维或纱线进行加工而得到的具有特种结构和外观效应的纱线，是纱线产品中具有装饰作用的一种纱线。几乎所有的天然纤维和常见的化学纤维都可以作为生产花式线的原料。各种纤维可以单独使用，也可以相互混用，取长补短，充分发挥各自固有的特性。

花式纱线相对于普通纱线而言有着各种分布不规则的截面，且结构、色泽各异。或者说它是将纺纱生产中的疵点扩大化，以某种特殊的花型规律呈现，自20世纪70年代发展到今天而自成一派的特殊纱线。

根据制造方法的不同，花式纱线有短纤、长丝和花色纱之分。

花式纱线一般由三部分组成：其一芯线，亦称基线，它被包在花式线的中间，是构成花式线强力的主要成分；其二饰线，包在芯线外面，是构成花式线外观的主要部分，占花式线组成的2/3以上，整个纱线的风格、色彩、外形、手感、弹性、舒适感等主要由它决定；其三固线，包在饰线的外面且紧固在花式线的轴心线上，是用来固定纱线的。

新型花式纱线的特点是原料上采用多元复合，组合各种天然和化学纤维，不仅使产品形态丰富多彩，而且功能互补，提高了结构的稳定性及实用性；造型上设计交替复合，打破了原来一"结"到底或一"圈"到头的局面，更有效地增强了纱线的立体感和波动感；色彩上运用技艺复合，把技术与艺术完美体现，将流行元素传递始终，它是花式纱线产品开发的主要内容。花式纱线具有不同的特点，如表面风格、线密度、颜色或色彩搭配、原料、捻向等。目前在织物中运用较多的一类是超喂型花式纱线，它的原理是饰线大于芯线的送线速度，且罗拉速度按比例、不变速，其产品如波形线、小辫纱、圈圈纱等，超喂花式线一般都具有轻、松、软的特点；另一类是控制型花式纱线，它的送线罗拉是变速的，且不同种类的花型用不同的变速，这种纱线的特点是立体感强，如结子线、毛虫线、竹节线、大肚纱等；再有一类是特种花式纱线，如雪尼尔立绒线、羽毛绒、彩点纱等。

花式纱线织物近年来非常流行，花式纱线的应用范围广泛，如家纺织品、室内装饰、家具装饰、服装面料、编结物、围巾、花色帽等。用花式纱线织造的织物有机织物和针织物，它们一般具有美观、新型、高雅、舒适、柔软、别致的特点。粗细不同、风格各异的花式纱线有机结合，在面料中起点缀、勾勒的作用，有作色彩渲染的，有改变表面风格的，有缔造特殊手感的。采用花式纱线织制的男女时装面料已越来越被人们所注意，特别在欧洲一些国家显得更为时髦。由于其流行时间短，所以在流行当期就更显新奇，更引人们重视，给人眼前一亮的感觉。

下面介绍几种常见花式纱线的名称及组成的特点。

① 结子纱　如图2-2所示，饰纱在同一处做多次捻回缠绕。

② 雪尼尔纱　又称绳绒。如图2-3所示，雪尼尔纱是一种新型花式纱线，它是用两根股线作芯线，通过加捻将羽纱夹在中间纺制而成。在芯线中暗夹着横向饰纱，饰纱头端松开有毛绒。雪尼尔纱可以制成沙发套、床罩、床毯、台毯、地毯、墙饰、窗帘帷幕等室内装饰品。

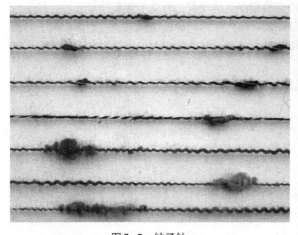

图2-2　结子纱

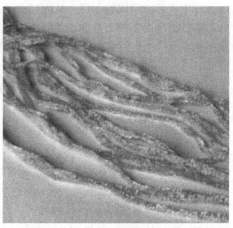

图2-3　雪尼尔纱

③ 竹节纱　如图2-4所示，竹节纱的特征是具有粗细分布不均匀的外观，它是花式纱线中种类最多的一种，有粗细节状竹节纱、疙瘩状竹节纱、短纤维竹节纱、长丝竹节纱等。竹节纱的显著特点是纱线忽细忽粗，有一节迭出的称竹节，且竹节可以是规则分布，也可以是不规则分布。由此竹节纱又分转杯纺竹节纱和环锭纺竹节纱。

④ 圈圈纱　如图2-5所示，一般由芯线、压线（有时也叫加固线）、饰线三部分组成。芯线和压线经常采用化纤长丝或是腈纶一类的原料做成的纱线，饰线是在花捻机上起圈圈的部分，可以是各种毛纺原料的纱线，也可以是棉纺粗纱。圈圈纱的成品线上有规则的圈圈效果，因此而得名。

⑤ 睫毛纱　如图2-6所示，睫毛纱的花式效果是由于纤维尾端伸出纱的表面，如同睫毛。由这样的纱线制成的面料表面覆盖着柔顺的毛羽，增加了织物的质感，使其具有鲜明的外观效应和丰富的色彩。

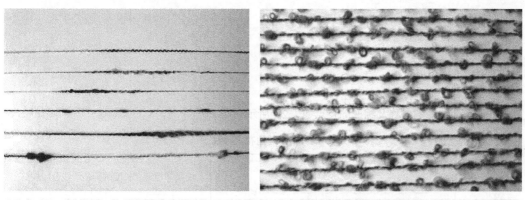

图2-4 竹节纱   图2-5 圈圈纱

⑥ 桑子纱　如图2-7所示，桑子纱的花式效果来源于结构，桑子纱饰纱为柔软、圆润并且稍长的纱球，与成熟的桑葚外观极其相像，因此被命名为桑子纱。

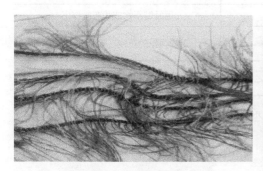

图2-6 睫毛纱   图2-7 桑子纱

⑦ 羽毛纱　如图2-8所示，羽毛纱是近三、四年在国内市场崭露头角的一种花式纱线，其结构由芯线和饰线组成，羽毛按一定方向排列。其工艺主要由针织和割绒组成，即"一针一刀"。形成单针织成的芯线和中段被芯线握持、两头被割刀切断、具有一定长度的毛羽饰纱，羽长自然竖立，光泽好，手感柔软。由于毛羽分布有方向性，织物除光泽柔和外，布面显得丰满，极具装饰效果，且羽毛纱优于其他绒毛类纱线的特点是不易掉毛。其服用性能好，保暖性强，宜在衣、帽、围巾、袜子、手套上大量使用。

⑧ 大肚纱　如图2-9所示，大肚纱是指毛纺成品线中一根纱上一截粗一截细的纱线，是毛纺成品纱的外观疵点之一。横截面粗于正常纱3倍以上，长度2～10cm，呈枣核形。形成原因如下。

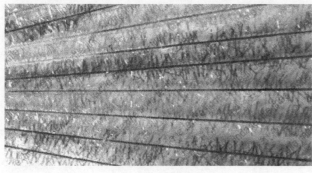
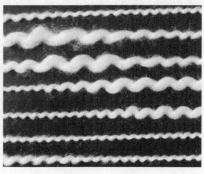

图2-8 羽毛纱   图2-9 大肚纱

a.等长纤维集中未牵伸开，产生集束。

b.纤维发黏、发并，梳理牵伸不开。

c.前罗拉压力不足。

d.中间摩擦力界过强，控制力过大。

e.皮辊太薄或开裂、失去弹性等。

其他花式纱线的名称及组成的特点如表2-1所示。

表2-1　其他花式纱线

花色股线		用同样粗细、长度的异色纱线合股加捻
螺旋花线		将粗线加强捻后和细线合股，自然合捻而成
粒结花线		线中有不规则状小棉结
绳绒线		在加捻的线中连续夹入绒毛
丝带纱		用经编织物或裁布制作出
卷缩纱		用加强捻的花线，毛圈结成角状
毛圈绒线		将毛圈花线的毛圈抓出绒毛状

随着纺纱科技的不断提高，会有越来越多的新型纱线出现在材料市场，从而创造出新颖别致的服装面料。

第三章

机织物

织物是由纱线按照一定方法制成的柔软、具有一定力学性能的片状物，包括各种服装面料、辅料及制成品。作为服装面料的织物必须具有实用、舒适、卫生、装饰等基本功能，能够满足人们生活、工作、休闲、运动等多方面的需要，能保护人体适应气候变化。

织物按其制成方法可分为机织物、针织物、编织物和非织造布四大类。其中机织物坚牢耐穿，外观挺括，广泛用作各类服装的面料，特别适用于外衣。针织物富于弹性，柔软适体，穿着舒适，适合于内衣；且针织物悬垂性良好，也是外衣的优良面料。编织物普遍用于装饰、家居制品。非织造布用途广泛，从服装辅料到农业生产都有非织造布的应用。

第一节　机织物的分类

机织物是相互垂直配置的两组纱线按照织物组织相互交织而成的织物。其中纵向配置的纱线叫经纱，织物的纵向叫经向；横向配置的纱线叫纬纱，织物的横向叫纬向。按照不同的分类方法，机织物有以下几种。

一、按所用原料分

1.纯纺织物
由纯纺纱线织成的织物。

2.混纺织物和混纤织物
由混纺纱线织成的织物称为混纺织物；混纤纱线织成的织物称为混纤织物。

3.并交织物、交织织物
由不同纤维的单纱（长丝）经合并、加捻成线，再织造成的织物称并交织物。经纬纱用不同的短纤维纱或一组用短纤维纱、另一组用长丝交织而成的织物称交织织物。

由于并交织物、交织织物出现"线条、不匀、色差"的视觉效果，因此给织物外观带来活泼的装饰效果。

二、按织物的风格分

1.棉型织物
全棉织物、棉型化纤纯纺织物、棉与棉型化纤的混纺织物的统称。棉型化学纤维的长度、细度均与棉纤维相接近，织物具有棉型感。常用的有涤纶、维纶、丙纶、黏胶纤维、富强纤维等短纤维。

2.毛型织物
全毛织物、毛型化纤纯纺织物、毛与毛型化纤的混纺织物的统称。毛型化学纤维的长度、细度、卷曲度等方面均与毛纤维接近，具有毛型感。常用的有涤纶、腈纶、黏胶纤维等短纤维。

3.丝型织物
蚕丝织物、化纤纺丝绸织物、蚕丝与化纤丝的交织物的统称。丝型织物具有丝绸感。常用的化纤丝有涤纶、锦纶、黏胶纤维、富强纤维等长丝。

4.麻型织物

纯麻织物、化纤与麻的混纺织物、化纤丝仿麻织物的统称。麻型化学纤维在细度、截面形状等方面与天然麻相似，织物具有粗犷、透爽的麻型感。常用的化学纤维主要是涤纶。

5.中长纤维织物

中长纤维织物为化纤织物，具有类似毛织物的风格。常见的品种如涤黏中长纤维织物、涤腈中长纤维织物等。

三、按印染加工和后整理方法分

1.原色织物
未经印染加工的本色布。

2.漂白织物
本色坯布经煮炼、漂白加工后的织物，在加工中可以除去布面上部分杂质、疵点和毛羽，织物表面色白、洁净。

3.染色织物
经染色加工后的有色织物。

4.印花织物
经印花加工后表面有花纹图案的织物。新的印花技术使得花型更加丰富、新颖。

5.色织物
将纱线全部或部分染色，再织成各种不同的色、格及小提花织物。这类织物的线条、图案清晰，色彩界面分明，并富有一定的立体感。

6.色纺织物
先将部分纤维染色，再将其与原色（或浅色）纤维按比例混纺，或两种不同色的纱混合，再织成织物，使织物具有混色效果。

7.其他后整理织物
印染后整理是织物获得特殊外观和手感风格的重要手段。该手段使织物的品种花式千姿百态，为服装设计提供了丰富的创意空间。

第二节　织物组织结构

一、织物组织基本概念

1.织物组织
机织物中经、纬纱相互交错、上下沉浮的规律称为织物组织。

2.组织点
经纱与纬纱交织的交叉点称为组织点。凡经纱浮在纬纱上面的组织点称经组织点（经浮点）；

凡纬纱浮在经纱之上的组织点称为纬组织点（纬浮点）。

3. 组织循环或完全组织

当经组织点和纬组织点浮沉规律达到循环时，称为一个组织循环（或一个完全组织）。构成一个组织循环的经纱数用 R_j 表示，构成一个组织循环的纬纱数用 R_w 表示。

4. 织物组织点飞数

为了解织物组织的构成和表示织物组织的特点，常用组织点飞数来表示织物组织中相应组织点的位置关系。它与织物组织循环纱线数一样，同样是织物组织的参数。在完全组织中，同一系统的相邻两根纱线上相应的经（纬）组织点间相距的组织点数称为飞数，用符号"S"表示，分经向飞数和纬向飞数。沿经向计算相邻两根经纱上相应两个组织点间相距的组织点数是经向飞数，以 S_j 表示；沿纬纱方向计算相邻两根纬纱上相应两个组织点间相距的组织点数是纬向飞数，以 S_w 表示。

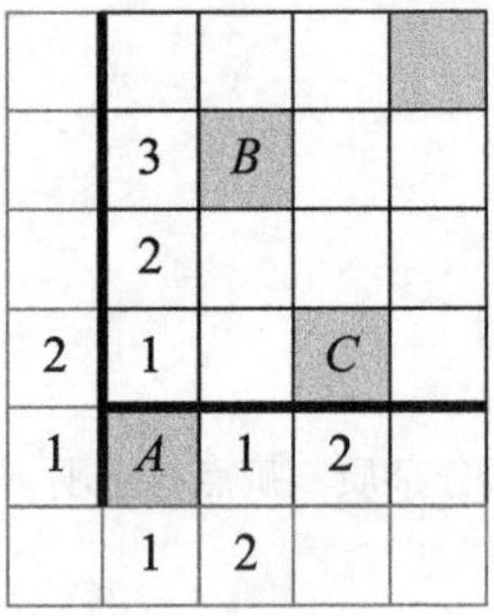

图3-1 组织点飞数

图3-1中，在1、2两根相邻的经纱上，经组织点 B 对于相应经组织点 A 的飞数是 $S_j=3$；同理，在1、2两根相邻的纬纱上，经组织 C 对于相应的经组织 A 的飞数是 $S_w=2$。飞数有正负之分，沿经纱向上为 $+S$，向下为 $-S$；沿纬向向右为 $+S$，向左为 $-S$。

5. 组织图

一般用方格法来表示，黑色的为经组织点，白色的为纬组织点，只需绘出一个组织循环。

二、原组织

机织物的原组织是指每根经纱或纬纱上只有一个经或纬组织点、组织循环经纱数和组织循环纬纱数相等、飞数为常数的组织，包括平纹、斜纹和缎纹组织。

1. 平纹组织

由经纱和纬纱一上一下相间交织而成的组织称为平纹组织。

平纹组织是所有织物组织中最简单的一种。平纹组织的参数为：

$$R_j=R_w=2$$

$$S_j=S_w=\pm 1$$

平纹组织在一个组织循环内由两根经纱和两根纬纱进行交织，有两个经组织点和两个纬组织点。由于经组织点等于纬组织点，所以平纹组织又称为同面组织。

单起平纹：左下角起始点为经组织点，如图3-2所示。

双起平纹：右下角起始点为经组织点，如图3-3所示。

图3-2 单起平纹

图3-3 双起平纹

当平纹组织与其他组织配合时，要注意考虑起始点。

平纹组织织物特点：在所有织物组织结构中，平纹组织织物交织点最多，纱线屈曲次数最多，浮线长度最小，不易钩丝，光泽较差，织物坚牢、耐磨、手感较硬，弹性较小，正反面外观效应相同，表面平坦，花纹单调。

当采用不同粗细的经纬纱、不同的经纬密度以及不同的捻度、捻向、张力、颜色的纱线时，就能织出呈现横向凸条纹、纵向凸条纹、格子花纹、起皱、隐条、隐格等外观效应的平纹织物，若采用各种花式纱线，还能织出外观新颖的织物。

典型平纹组织产品：棉型织物包括平布、府绸、泡泡纱、巴厘纱、绒布、帆布等；毛型织物包括凡立丁、派力司、法兰绒、粗花呢等；丝类包括纺类、双绉、乔其纱等；麻型织物包括麻平布、夏布等。

2.斜纹组织

相邻经（纬）纱上连续的经（纬）组织点构成连续斜线的组织称为斜纹组织。由三根或三根以上的经纬纱组成一个完全组织。$\frac{2}{1}$ 或 $\frac{1}{2}$，读作两上一下、一上两下，经纬向飞数均为1。

斜纹组织大致可分为单面斜纹和双面斜纹，原组织中的斜纹均为单面斜纹。

斜纹组织的参数为：

$$R_j = R_w \geq 3$$

$$S_j = S_w = \pm 1$$

图3-4（a）为两上一下右斜纹，图3-4（b）为一上两下右斜纹，图3-4（c）为三上一下右斜纹，图3-4（d）为三上一下左斜纹。

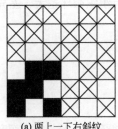 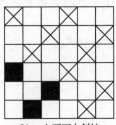

(a) 两上一下右斜纹　　(b) 一上两下右斜纹　　(c) 三上一下右斜纹　　(d) 三上一下左斜纹

图3-4　斜纹组织

斜纹组织织物特点：斜纹组织织物经、纬纱交织次数较平纹组织少，组织中不交错的经、纬纱容易靠拢，单位长度内纱线可以排得较多，因而增加了织物的厚度与密度。又因交织点少，故织物表面光泽度提高，手感较松软，弹性较好，抗皱性能提高，但耐磨性、坚牢度不及平纹组织。

典型产品：牛仔布、哗叽、华达呢、卡其、美丽绸等。

3.缎纹组织

缎纹组织是原组织中最复杂的一种组织。这种组织的特点在于相邻两根经纱或纬纱上的单独组织点相距较远，并且所有的单独组织点分布有规律且不连续。这些单个组织点分布均匀，并为其两旁的另一系统纱线的浮长所遮盖，在织物表面都呈现经或纬的浮长线。因此，布面平滑匀整，富有光泽，质地柔软。缎纹有经面缎纹与纬面缎纹之分。组织循环通常用枚来作单位。如组织循环数为5，则称为5枚缎。织物表面显示经纱效应称为经面缎纹，如图3-5（a）所示，而显示纬纱效应则称为纬面缎纹，如图3-5（b）所示。

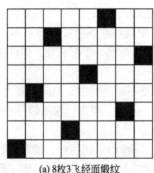 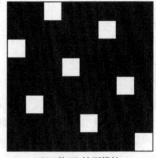

(a) 8枚3飞经面缎纹　　　　　　　(b) 8枚3飞纬面缎纹

图3-5　缎纹组织

一个缎纹组织的组织循环纱线数至少为5根（5、8用得最多），飞数大于1而小于完全组织纱线数。读作几枚几飞经面缎纹或几枚几飞纬面缎纹。

缎纹组织的参数为：

① $R \geq 5$（6除外）；

② $1<S<R-1$，且为一个常数；

③ R 与 S 必须互为质数。

缎纹组织织物特点：缎纹组织是三原组织中交错次数最少的一类组织，因而有较长的浮线浮在织物表面，造成该织物易钩丝、易磨毛和磨损，从而耐用性能降低。由于缎纹组织交错次数最少，因此纱线相互易靠拢，织物密度增大。通常缎纹织物比平纹织物和斜纹织物更厚实，质地柔软，悬垂性好。缎纹组织织物由于其有较长的浮线浮于织物表面，更易对光线产生反射，因此织物表面更富有光泽，平整光滑。缎纹组织正、反面差异非常显著，且组织循环越大，差异越大。

典型产品：贡缎、软缎、绉缎、桑波缎、织锦缎等。

三、变化组织

原组织是构成织物组织的基础，在这个基础上变化某些条件，如组织循环数、浮长等，而产生的各种新型组织结构，称为变化组织。在三个原组织基础上分别得到三个变化组织，即平纹变化组织、斜纹变化组织和缎纹变化组织。

1. 平纹变化组织

（1）重平组织　由于平纹组织沿经（纬）向延长一个组织点，致使织物表面有横凸（纵凸）条纹，常用于布边组织。沿经向延长组织点所形成的组织称为经重平组织；沿纬向延长组织点所形成的组织称为纬重平组织。经重平组织表面呈现横凸条纹；纬重平组织表面形成纵凸条纹。借助经、纬纱粗细变化，凸纹效果更加明显。当重平组织中的浮长长短不同时称为变化重平组织，传统的麻纱织物就是采用这种组织。

（2）方平组织　在平纹组织上沿经纬向同时延伸其组织点，并把组织点填成小方块。方平组织织物外观呈现板块席纹，结构较为松软，有一定的抗皱性能，悬垂性好，但易钩丝，耐磨性不如平纹组织。棉织物中的牛津布、花呢中的板司呢等都采用方平组织。

2. 斜纹变化组织

斜纹变化组织通过多种变化与组合得到变化的外观效果，如改变斜纹方向、变化斜纹线与纬纱间的角度、增加一个组织循环中的斜纹线根数等，再配合纱线颜色、结构上的变化，变化效果更加明显。

（1）加强斜纹组织　以原组织的斜纹组织为基础，增加经（纬）组织点而成。用于制造华达呢、双面卡其及斜纹组织的花边。

（2）复合斜纹组织　具有两条或两条以上粗细不同的、由经组织点或纬组织点构成的斜纹线的变化斜纹组织。采用这种组织的有巧克丁。

（3）角度斜纹组织　斜纹组织中织物表面的倾斜角度是由飞数大小和经、纬纱密度的比值决定的。当经、纬密度相同时，若斜纹线与纬纱的夹角为45°，该斜纹为正斜纹；若斜纹线与纬纱的夹角不等于45°时，便称为角度斜纹。当斜纹角度大于45°时为急斜纹，小于45°时为缓斜纹。织物中，急斜纹应用较多，毛呢面料中的马裤呢就是急斜纹组织。

（4）山形斜纹组织　改变斜纹线方向，使其一半向右倾斜一半向左倾斜，在织物表面形成对称的连续山形斜纹。花呢中的人字呢类就是这种组织结构。

（5）破斜纹组织　在山形斜纹改变斜纹方向处组织点不连续，使经、纬组织点相反，呈现"断界"效应，这种斜纹称为破斜纹。

3. 缎纹变化组织

（1）加强缎纹组织　以原组织中的缎纹组织为基础，在其单独经（纬）组织点的四周添加一个或多个经（纬）组织点而形成。提高了织物的坚牢度。

（2）变则缎纹组织　在一个完全组织内，缎纹的组织点、飞数始终不变的称为正则缎纹；若飞数是变数，则称为变则缎纹。

其他缎纹组织还有重缎纹、阴影缎纹等变化缎纹组织。

四、联合组织

联合组织是由两种或两种以上的原组织或变化组织联合而成。

1. 条格组织

条格组织是用两种或两种以上的组织沿组织的纵向或横向并列配置，使之呈现清晰的条纹或格子外观。把纵条纹和横条纹结合起来就构成格组织。

2. 绉组织

利用经纬纱浮长不同交错排列，使织物表面具有分布均匀、呈细小颗粒且凹凸不很明显的外观效果，形成起皱效应。绉组织织物手感柔软、质地丰厚、弹性较好、光泽柔和。

3. 透孔组织

由于经纬线的浮长不同，在交织作用下，经（纬）线会相互靠拢，集合成束，在束与束之间形成均匀分布的小纱孔。

4. 蜂巢组织

表面具有明显的凹凸方形、菱形或其他几何形状如蜂巢状的织纹。蜂巢组织织物质地稀松、手感柔软、美观、保暖，具有较强的吸水性。

5. 网目组织

以平纹（或斜纹）为地组织，然后每隔一定距离有一曲折的经（纬）浮长线在织物表面形成网格。

6.凸条组织

由浮线较长的重平纹组织和另一种简单组织联合而成的组织。织物表面有纵向、横向或斜向的凸条。

五、复杂组织

复杂组织是由一组经纱和两组纬纱或两组经纱与一组纬纱所构成，或各由两组经、纬纱共同交织而成。这类结构能够增加织物的厚度，提高织物的耐磨性，且表面细致，能改变织物透气性。

纱罗组织：在各类织物组织中，通常经纱与纬纱是各自平行排列的。唯有纱罗组织的经纱以一定的规律发生扭绞，且凡扭绞处纬纱不易靠拢，因此形成较大的纱孔。纱罗组织织物表面具有清晰而匀布的孔眼，因而织物有良好的透气性，质地轻薄，适用于夏季衣料、蚊帐及工业筛网等。图3-6是显微镜下放大的纱罗组织织物结构图。

图3-6 纱罗组织

第三节 机织物的结构参数

机织物的结构参数通常包括织物组织、织物内纱线细度、密度和紧度以及织物幅宽、匹长、单位面积质量等。织物组织结构在上节中已经介绍，在此省略。

一、经纬纱细度

经纬纱细度对织物的外观、手感、服用性能均有明显的影响。用纱越细，织物越薄；经纬纱细度差异越大，织物表面越不平整。

织物中经、纬纱细度表示方法为经纱特数 × 纬纱特数。

如经、纬纱线密度都是18.2tex的纯棉府绸，细度表示为18.2 × 18.2tex。

二、织物的密度和紧度

1.机织物的密度

织物沿纬向或经向单位长度内经纱或纬纱排列的根数称为机织物的经纱密度或纬纱密度。单位用根/10cm来表示。一般以经密 × 纬密表示织物的密度。如236 × 220，表示经密为236根/10cm，纬密为220根/10cm。

织物密度大小是根据其用途、品种、原料、结构等因素决定的。

对于同样粗细的纱线和相同的组织，经、纬密度越大，则织物越紧密。

2.机织物的紧度（覆盖系数）

织物总紧度是织物规定面积内经纬纱所覆盖的面积（扣除经、纬纱交织点的重复量）占织物规定面积的百分率。

经纱紧度：织物规定面积内经纱覆盖的面积占织物规定面积的百分率。

纬纱紧度：织物规定面积内纬纱覆盖的面积占织物规定面积的百分率。

紧度数值越大，织物越紧密。织物紧密度与织物中纱线的细度和经、纬向密度有关。

三、织物幅宽

织物沿其纬纱方向量取两侧布边间的距离称为幅宽（cm），它是指织物经自然收缩后的实际宽度。

除了提高面料利用率、便于服装裁剪的要求外，纺织面料在加工过程中，为了提高生产效率，织物向宽幅发展。无梭织机的普及使得幅宽可达300cm以上。

常见棉织物幅宽有80～120cm和127～168cm两大类，最大幅宽可达300cm。毛型织物幅宽有144cm和150cm两种。丝型织物的幅宽一般有70/72cm、90/92cm、112/114cm和142/144cm多种。

四、织物匹长

织物的匹长一般以米来表示，不同的织物在织造时，由于织机经轴卷装容量的关系，下机长度有一定的限制，因此，在批量采购面料时，应该知道面料的匹长。棉型织物一般在30～50m，精纺毛织物一般在60～70m，粗纺毛织物一般在30～40m，丝织物一般在28～45m。

五、织物单位面积质量

织物单位面积质量通常用来描述织物的厚度，以每平方米克重（g/m²）来计量。织物的单位面积质量分为轻型、中厚型或厚重型。一般轻型织物轻薄光洁、手感柔软滑爽、透气性好，常用于制作夏季服装或内衣。厚重型织物厚实保暖、坚牢、刚性较大，适于冬季服装。

棉织物的单位面积质量大多为70～250g/m²。精纺毛织物中，单位面积质量在195g/m²以下的属于轻薄型织物，适合制作夏季服装；单位面积质量为195～315g/m²的属于中厚型织物，适合制作春秋服装；单位面积质量在315g/m²以上的属于厚型织物，适合制作冬季服装。另外，目前市场上真丝织物的单位面积质量单位用姆米表示。

姆米数与平方米克重的换算方法：姆米数=平方米克重/4.3056或者平方米克重=姆米数×4.3056，如单位面积质量是16姆米的真丝面料，换算成平方米克重为16×4.3056≈68.9g/m²。

近年，随着人们生活水平的提高，人们要求服装更加轻薄、穿起来更舒适，因此，对轻薄、厚重的概念也发生了相应的变化。原来的薄型织物变得更加轻薄，而原来的一些厚重型织物也向轻薄方向发展。

六、厚度

织物的厚度指在一定压力下，织物正反面之间的距离，通常以毫米（mm）为单位。它与织物的体积、重量、蓬松度、刚柔性等有关，直接影响服装风格、保暖性、透气性、悬垂性等。由于厚度指标不便于测量，在生产实践中一般不使用这一指标。

织物的厚度可分为薄型、中厚型和厚型三类，见表3-1。

表3-1　棉、毛型织物厚度　　　　　　　　　　单位：mm

织物类别	棉型织物	精梳毛织物	粗梳毛织物
轻薄型	0.24以下	0.40以下	1.10以下
中厚型	0.24～0.40	0.40～0.60	1.10～1.60
厚重型	0.40以上	0.60以上	1.60以上

第四节　常见机织物种类及特征

一、棉型织物的主要品种及特征

棉织物的生产和使用可以追溯到公元前5000年甚至公元前7000年。中美洲是最早使用棉纤维的地区。我国最早于2000年以前，在广西、云南、新疆等地已采用棉纤维作纺织原料。直到汉代，中原地区的棉纺织品还比较稀奇珍贵。唐宋时期，棉花开始向中原移植。目前中原地区所见到的最早的棉纺织品遗物，是在一座南宋古墓中发现的一条棉线毯。也就是从这时期起，棉布逐渐替代丝绸，成为我国人民主要的服饰材料。宋末元初著名的棉纺织家、改革家黄道婆，在松江府以东的乌泥泾镇（今上海市徐汇区华泾镇）教人制棉，传授和推广"捍（搅车，即轧棉机）、弹（弹棉弓）、纺（纺车）、织（织机）之具"和"错纱配色，综线挈花"等织造技术。她所织的被褥巾带，"其上折枝团凤棋局字样，粲然若写"。由于乌泥泾一带人民迅速掌握了先进的织造技术，一时"乌泥泾被不胫而走，广传于大江南北"。当时的太仓、上海等县都加以仿效，棉纺织品色泽繁多，呈现出空前的盛况。黄道婆去世以后，人们为了纪念这位伟大的纺织家，在乌泥泾镇替她修建祠堂，叫先棉祠。到了清代，她被尊为布业的始祖。

今天，由于棉织物独有的特征、优良的服用性能、质朴的外观特点，越来越受到人们的喜爱，它们在服装、床上用品等领域具有不可替代的地位。根据智研咨询数据分析，未来十年，全球棉产品消费量将保持稳定增长。棉产品天然柔和，皮肤接触无刺激，无异味，气息清新自然，是温暖、健康、环保的绿色产品，是健康面料的首选，尤其对老人和儿童更为适用。

下面从织物不同组织结构分别介绍棉织物常见品种。

（一）平纹类

平纹棉织物的共同特点：由于平纹织物经纬纱采用一上一下的规律进行交织，在一个完全组织中，经纬纱次数最多，纱线弯曲密集，浮在织物表面的经纬纱较短，因此，平纹织物质地坚牢，表面平整、均匀，无正反面之分，手感较硬，缺乏弹性，光泽不佳。

1.平布

平布是一种以纯棉、纯化纤或混纺纱织成的织物。它的特点是经纱与纬纱的粗细相等或接近，经、纬向密度相等或接近。平布根据用纱粗细不同，分为粗平布、中平布、细平布三类。

① 粗平布又称粗布，大多用纯棉粗特纱织制，如图3-7所示。其特点是布身粗糙、厚实，布面棉结杂质较多，坚牢耐用。市销粗布主要用作服装衬布等。在山区农村、沿海渔村也有用市销粗布做衬衫、被里的。经染色后作衫、裤用料的经纬纱为32tex及以上（18英支以下）的粗特纱，规格是经纬密度为150～250根/10cm，单位面积质量为150～200g/m²。

图3-7 粗平布

② 中平布又称市布，如图3-8所示。市销的又称白市布，是用中特棉纱或黏纤纱、棉黏纱、涤棉纱等织制。其特点是结构较紧密、布面平整丰满、质地坚牢、手感较硬。市销平布主要用作被里布、衬里布，也有用作衬衫裤、被单的。中平布大多用作漂布、色布、花布的坯布，加工后用作服装布料等。经纬纱用31～21tex；经纬密度为200～270根/10cm，单位面积质量为100～150g/m²。

③ 细平布又称细布，如图3-9所示。用细特棉纱、黏纤纱、棉黏纱、涤棉纱等织制。其特点是布身细洁柔软，质地轻薄紧密，布面杂质少。市销的细布主要用途同中平布。细布大多用作漂布、色布、花布的坯布，加工后用作内衣、裤子、夏季外衣、罩衫等面料。经纬纱用19～10tex（25～59英支）的细特纱；经纬密度为240～370根/10cm，单位面积质量为80～120g/m²。

图3-8 中平布

2.府绸

最早是指山东省历城、蓬莱等县在封建贵族或官吏府上织制的织物，因其手感和外观类似于丝绸，故称府绸。府绸常用原料有纯棉、涤棉等，如图3-10所示。

府绸是质地细密、平滑而有光泽的平纹棉织品，平纹组织，经密与纬密之比一般为（1.8～2.2）：1。

由于经密明显大于纬密，织物表面形成了由经纱凸起部分构成的菱形粒纹。根据所用纱线的不同，分为纱府绸、半线府绸（经向用股线）、线府绸（经纬向均用股线）。根据纺纱工程的不同，分为普梳府绸和精梳府绸。以织造花色分，有隐条隐格府绸、缎条缎格府绸、提花府绸、彩条彩格府绸、闪色府绸等。以本色府绸坯布印染加工情况分，又有漂白府绸、染色府绸、印花府绸、色织府绸等。还可以根据织造工艺不同，分为平纹府绸、平纹变化组织府绸（镶嵌缎条、人字、斜纹等）及提花府绸等，但底布基础还是平纹织造。按照织造的密度可以分为府绸、高密府绸、防羽府绸。各种府绸织物均有布面洁净平整、质地细致、粒纹饱满、光泽莹润柔和、手感柔软滑润等特征。但府绸面料有一大缺点，即用其缝制的服装易出现纵向裂纹。这是因为府绸经、纬密相差很大，经、纬纱间强度不平衡，造成经向强度大于

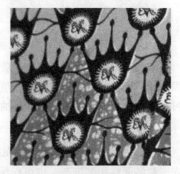

图3-9 细平布

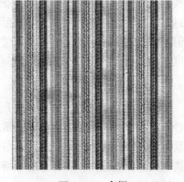

图3-10 府绸

纬向强度近1倍。

判断平布与府绸的方法主要是看经纬密度。平布的经纬密度接近或相等，府绸的经密远远大于纬密。

3. 牛津布（oxford）

又称牛津纺，如图3-11所示。起源于英国，以牛津大学命名的传统精梳棉织物。采用较细的精梳高支纱线作双经，与较粗的纬纱以纬重平组织交织而成。色泽柔和，布身柔软，透气性好，穿着舒适，多用作衬衣、运动服和睡衣等。产品品种花式较多，有素色、漂白、色经白纬、色经色纬、中浅色条形花纹等；还有用涤棉纱线织制的。

4. 巴厘纱（voile）

又称玻璃纱，如图3-12所示。一种用平纹组织织制的稀薄透明织物，其特点是经纬均采用细特精梳强捻纱，织物中经纬密度较小。由于细、稀，再加上强捻，织物稀薄透明。所用原料有纯棉、涤棉。织物中经纬纱或均为单纱，或均为股线。

图3-11 牛津布　　　　　　　　　　　　　　图3-12 巴厘纱

按加工不同，玻璃纱有染色玻璃纱、漂白玻璃纱、印花玻璃纱、色织提花玻璃纱等。玻璃纱织物质地稀松，手感挺爽，布孔清晰，轻薄透明，富有弹性，透气性好，穿着舒适。适用于夏季衬衣裙、睡衣裤、头巾、面纱和抽绣的底布、台灯罩、窗帘等。

5. 罗缎

布面呈横条罗纹的棉织物，如图3-13所示。因布面光亮如缎而得名。其质地厚实，适宜作外衣、童装面料和装饰布，也可作绣花底布、绣花鞋等。罗缎一般采用经重平组织或小提花组织，以13.9tex（42英支）2股线作经，27.8tex（21英支）3股线作纬织成。由于纬线粗，布面呈明显的横条纹。坯布需经漂炼、丝光、染色或印花、整理加工。如采用9.7tex 2股（60英支/2）和27.8tex 2股（21英支/2）精梳烧毛线作经纬，称为四罗缎（或丝罗缎）。成品组织更紧密，布面更光洁，但经线易断裂。因经纬粗细差异过大，成布后经纬向强力不均衡，经向紧度在47%左右，纬向紧度在64%左右，在服用过程中经纱往往先磨断。采用涤棉混纺纱线，可以避免这一缺点。

6. 细纺

棉型织物的一种，如图3-14所示。采用6～10tex（100～60英支）的精梳棉纱或涤棉混纺纱作经纬织制的平纹织物。因其质地轻薄，与丝绸中的纺类织物相似，故称细纺。细纺具有结构紧密、布面光洁、手感柔软、轻薄似丝绸的特点。经特殊处理后整理，细纺有不缩不皱、快干免烫、良好的吸湿性和穿着舒适等特征。适宜做夏季衬衫，也可刺绣加工成手帕、床罩、台布、窗帘等装饰用品。

图3-13 罗缎　　　　　　　　图3-14 细纺

7. 泡泡纱

泡泡纱是棉织物中具有特殊外观特征的织物，采用轻薄平纹细布加工而成，布面呈现均匀密布、凹凸不平的小泡泡，如图3-15所示。穿着时不贴身、有凉爽感，适合做妇女夏季的各式服装。用泡泡纱做的衣服，优点是洗后不用熨烫，缺点则为经多次搓洗，泡泡会逐渐平坦。特别是洗涤时，不宜用热水泡，也不宜用力搓洗和拧绞，以免影响泡泡牢度。

根据形成方法不同，泡泡纱有三种：一是印花浓碱收缩起泡，称为泡泡纱；二是利用织造时两个经轴通过送经速度不等而形成松紧不等，产生泡泡，称为绉布；三是采用机械轧制出泡泡，称为轧纹凹凸布。

8. 帆布

帆布是一种较粗厚的棉织物或麻织物，因最初用于船帆而得名，如图3-16所示。一般多采用平纹组织，少量的用斜纹组织，经纬纱均用多股线。帆布通常分粗帆布和细帆布两大类。粗帆布又称篷盖布，常用58tex（10英支）4～7股线织制，织物坚牢耐折，具有良好的防水性能，用于汽车运输和露天仓库的遮盖以及野外搭帐篷；细帆布经纬纱一般为2股58tex至6股28tex（10英支/2～21英支/6），用于制作劳动保护服装及其用品，经染色后也可用作鞋、旅行袋、背包等面料。此外，还有橡胶帆布，防火、防辐射用的屏蔽帆布，造纸机用的帆布。

图3-15 泡泡纱　　　　　　　　图3-16 帆布

9. 绉布

表面具有纵向均匀皱纹的薄型平纹棉织物，又称绉纱，如图3-17、图3-18所示。绉布手感挺爽、柔软，纬向具有较好的弹性。织物所用纱线一般多在14.6tex以下（40英支以上），质地轻薄，有漂白、素色、印花、色织等多种类型。绉布所用经纱为普通棉纱，纬纱则为经过定型的强捻纱，织成坯布后经过烧毛、松式退浆、煮炼、漂白和烘干等前处理加工，使织物经受一定时间的热水或热碱液处理，纬向收缩（约30%）而形成全面均匀的皱纹，然后染色或印花；也可以将织物在收缩前先通过轧纹起皱处理，然后再加以松式前处理和染整加工，使布面皱纹更为细致均匀和有规律，最后制成各种粗细直条形皱纹的绉布。此外，纬向还可利用强捻纱与普通纱交替织入制成有人字形皱纹的绉布。绉布适合制作各式衬衣、裙料、睡衣裤、浴衣等。

图3-17　绉布（一）

图3-18　绉布（二）

（二）斜纹类

斜纹类棉织物的共同特点是织物表面浮线长，光泽和柔软度较平纹织物好，但在经纬纱线密度相同的条件下，其强力比平纹织物差。

1.卡其

卡其是棉织物中紧密度最大的一种斜纹织物，布面呈现细密而清晰的倾斜纹路。卡其布结构紧密、手感厚实、挺括耐磨。根据所用纱线不同，卡其布可以分为纱卡、半线卡和线卡；根据组织织物不同，可以分为单面卡、双面卡、人字卡、缎纹卡等。其中采用 $\frac{2}{2}$ 斜纹组织织制的正反面纹路均清晰的，称双面卡；采用 $\frac{3}{1}$ 斜纹组织织制的正面纹路清晰、反面纹路模糊的，称单面卡；采用急斜纹组织织制、经纱的浮线较长、像缎纹一样连贯起来的，称缎纹卡。

经纬纱常用28～58tex（21～10英支）单纱或7.5tex×2～19.5tex×2（80/2～30/2英支）股线，经向紧度为83%～110%，纬向紧度为45%～58%，经纬向紧度比为（1.7～2）∶1。

经染整加工后，卡其布可以用作春秋冬季外衣、工作服、军服、风衣、雨衣等面料。卡其布以品种多、风格新、质轻软等优势取信于消费者，成为市场上一道靓丽的风景线。图3-19为卡其棉织物。

2.棉华达呢

棉华达呢以棉纱线为原料，效仿毛华达呢风格织制而成，有经纬全线和线经纱纬两类，坯布须经丝光、染色等整理加工。此外，还有毛经棉纬华达呢和各种化纤纯纺、混纺华达呢，其特征随纤维的特性而异。常有二上二下斜纹组织，织物表面呈现陡急的斜纹条，角度约63°，属右斜纹。华达呢面料质地较为厚实，手感比卡其稍软，紧度大于哔叽、小于卡其，布面富有光泽，布身挺而不硬，耐磨损而不易折裂。色泽多为蓝、青、灰、烟及其杂色。其适合制作男女风衣、夹克衫、休闲裤、棉服及童装等。图3-20、图3-21为不同倾斜方向纹路的华达呢。

3. 哔叽

哔叽是传统棉织物的一种。经、纬密度接近，紧度比卡其、华达呢都小，表面斜纹纹路的倾斜角度接近45°，正反面呈形状相反的斜纹，正面纹路比反面纹路清晰，经密稍大于纬密，手感柔软，斜向纹路宽而平。色泽以藏青、蓝色为主，也有灰、咖、军绿、杂色等其他颜色。哔叽主要用作妇女、儿童服装及传统被面、棉服面等。图3-22为棉哔叽。

图3-19　卡其　　　　　　　　　　　图3-20　华达呢（一）

图3-21　华达呢（二）　　　　　　　　图3-22　棉哔叽

4. 斜纹布

织物组织为二上一下斜纹组织，斜纹纹路为45°倾斜角，正面斜纹纹路明显，杂色斜纹布反面则不甚明显。经纬纱线密度相接近，经密略高于纬密，手感比卡其柔软，分粗斜纹和细斜纹两种。粗斜纹布用32tex以上（18英支以下）棉纱作经、纬纱；细斜纹布用18tex以下（32英支以上）棉纱作经、纬纱。斜纹布有本白、漂白和杂色等种类，常用作制服、运动服、运动鞋的夹里、金刚砂布底布和衬垫料。宽幅漂白斜纹布可做被单，经印花加工后也可做床单；原色和杂色细斜纹布经电光或轧光整理后布面光亮，可做伞面和服装夹里。图3-23为斜纹布。

5. 牛仔布

牛仔布以全棉为主，也发展采用多种原料结构，有棉、毛、丝、麻天然纤维混纺，也有与化纤混纺，以及弹力纱、紧捻纱、花式纱等原料。现在使用较多的为全棉、棉涤氨混纺、棉氨混纺，氨纶丝的含量越高，弹力越大。组织结构采用三上一下的右斜纹组织交织而成，经向紧度大于纬向紧度。一般可分为轻型、中型和重型三类，轻型布重200～340g/m²，中型布重340～450g/m²，重型布重450g/m²以上。布的宽度大多在114～152cm。图3-24为牛仔布。

图3-23　斜纹布

图3-24　牛仔布

（1）传统牛仔布　传统牛仔布采用纯棉粗支纱斜纹布，蓝经白纬，容易吸收水分，透湿，吸汗，透气性很好，穿着舒适，质地厚实，纹路清晰。经过适当处理，可以防皱、防缩、防变形。经纱用靛蓝染色，由于靛蓝是一种协调色，能与各种颜色上衣相配，四季皆宜；另外，由于靛蓝是一种非坚固色，越洗越淡，越淡越漂亮。

（2）竹节牛仔布　采用不同纱特、竹节粗度（与基纱比）、节竹长度和节距的竹节纱，单经向或单纬向以及经纬双向都配有竹节纱，与同特或不同特的正常纱进行适当配比和排列，即可生产出多种多样的竹节牛仔布。经服装水洗加工后可形成各种不同的或朦胧或较清晰的或条格状风格牛仔装，受到有个性化需求的消费群体的欢迎。早期的竹节牛仔布几乎都是用环锭竹节纱，因其可纺制长度较短、节距较小、密度相对较大的竹节纱，易于形成布面较密集的点缀效果，并以经向竹节为主。随着市场消费需求的发展，目前流行经纬双向竹节牛仔布，特别是有纬向弹力的双向竹节牛仔布产品，在国内外市场都十分畅销。而一些品种只要组织结构设计得好，经向采用单一品种的环锭纱，纬向用适当比例的竹节纱，同样可达到经纬双向竹节牛仔的效果。

（3）纬向弹力牛仔布　氨纶弹力丝的采用，使牛仔品种发展到了一个新领域。它可使牛仔装既贴身又舒适，再配以竹节或不同的色泽，使牛仔产品更适应时装化、个性化的消费需求，因而有很大的发展潜力。目前弹力牛仔布大多为纬向弹力，弹性伸度一般在20%～40%。弹性伸度的大小取决于织物的组织设计，在布机上的经纬向组织紧度愈小，则弹性愈大；反之，在经纱组织紧度固定的条件下，纬向弹力纱的紧度愈大，则弹性愈小，纬向紧度达到一定程度时，甚至会出现丧失弹性的情况。此外，目前弹力牛仔成品布的突出问题是纬向缩水率过大，一般为10%以上，个别甚至高达20%以上。布幅不稳定给服装生产带来了很大困难，解决的方法之一是在产品设计时不使弹性伸度过大，一般取20%～30%，即保持一定的经纬向组织紧度，并在预缩整理时采取适当加大张力的方法，使布幅有较大的收缩，从而获得成品布纬向较低的剩余缩水率；另一个解决方法是弹力牛仔经预缩整理后进行热定型处理，这样可获得较均匀一致的布幅和较稳定的、较低的纬向缩水率，以满足服装加工生产的要求。

（4）超级靛蓝染色牛仔布　超级靛蓝染色或特深靛蓝染色牛仔布制成的服装由于经磨洗加工后能获得色泽浓艳明亮的特殊效果，而受到消费者的广泛欢迎。"超靛蓝"染色牛仔布有两大特征，即染色深度特别深和磨洗色牢度特别好。前者是指单位质量纱线上上染的靛蓝染料的量（一般为染料占纱干重的百分率，用%表示，简称染色深度）特别多。例如常规牛仔布经纱靛蓝染色深度都在1%～3%，而"超靛蓝"染色深度则需要达到4%以上才可以称为超级靛蓝色或特深靛蓝色。后者则是指"超靛蓝"染色牛仔服需要经受重复磨洗3h以上，其色泽仍能达到或超过常规染色牛仔布未经磨洗时的色泽深度，而其色光比常规染色牛仔布浓艳明亮得多。对于靛蓝染色牛仔布的磨洗色牢度，其实质是取决于染料对纱线的透芯程度，而非染料本身的磨洗牢度（靛蓝湿磨牢度仅为1级）。即透芯程度愈好，磨洗色牢度愈好。

（5）花色牛仔面料　采用不同原料加工产生的花色牛仔布，如用小比例氨纶丝（占纱重的3%～4%）作包芯的弹力经纱或弹力纬纱织成的弹力牛仔布；用低比例涤纶与棉混纺作经纱，采用靛蓝染色后，涤纶不吸色，从而产生留白效应的雪花牛仔布；用棉麻、棉毛混纺纱织制的高级牛仔布；采用不同加工工艺织制的花色牛仔面料；采用高捻纬纱织制的树皮绉牛仔布；在经纱染色时，先用硫化或海昌蓝等染料打底后，再染靛蓝的套染牛仔布；在靛蓝色的经纱中嵌入彩色经纱的彩条牛仔布；在靛蓝牛仔布上吊白或印花的牛仔裤等。

牛仔布常用水洗工艺如下。

① 普洗　即普通洗涤，普洗是将我们平日所熟悉的洗涤改为机械化。其水温在60～90℃，加一定的洗涤剂，经过15min左右的普通洗涤后，过清水加柔软剂即可，使织物更柔软、舒适，在视觉上更自然、更干净。通常根据洗涤时间的长短和化学药品的用量多少，普洗又可以分为轻普洗、普洗、重普洗。通常轻普洗为5min左右，普洗为15min左右，重普洗为30min左右，这三种洗法没有明显的时间界限。

② 石洗、石磨　石洗即在洗水中加入一定大小的浮石，使浮石与衣服打磨。打磨缸内的水位以衣物完全浸透的低水位进行，以使得浮石能很好地与衣物接触。在石磨前可进行普洗或漂洗，也可在石磨后进行漂洗，以达到不同的水洗效果。洗后布面呈现灰蒙、陈旧的感觉，衣物有轻微至重度破损。

③ 酵素洗　酵素是一种纤维素酶，它可以在一定pH值和温度下对纤维结构产生降解作用，使布面可以较温和地褪色、褪毛（产生"桃皮"效果），并得到持久的柔软效果。可以与石头并用或代替石头。若与石头并用，通常称为酵素石洗。

④ 砂洗　砂洗多用一些碱性、氧化性助剂，使衣物洗后有一定褪色效果及陈旧感。若配以石磨，洗后布料表面会产生一层柔和霜白的绒毛，再加入一些柔软剂，可使洗后的织物松软、柔和，从而提高穿着的舒适性。

⑤ 化学洗　化学洗主要通过使用强碱助剂来达到褪色的目的，洗后衣物有较为明显的陈旧感。再加入柔软剂，衣物会有柔软、丰满的效果。如果在化学洗中加入石头，则称为化石洗。它可以增强褪色及磨损效果，从而使衣物有较强的残旧感。化石洗集化学洗及石洗效果于一身，洗后可以达到一种仿旧和起毛的效果。

⑥ 漂洗　为使衣物有洁白或鲜艳的外观和柔软的手感，需对衣物进行漂洗。即在普通洗涤过清水后，加温到60℃，根据漂白颜色的深浅，加适量的漂白剂，然后以大（小）苏打（Na_2CO_3、$NaHCO_3$）对水中的残余漂白水进行中和，使漂白完全停止。待过清水后，在50℃水中加洗涤剂、荧光增白剂、双氧水等做最后的洗涤，中和pH值、荧光增白等，最后进行柔软处理即可。漂洗可分为氧漂和氯漂。氧漂利用双氧水在一定pH值及温度下的氧化作用来破坏染料结构，从而达到褪色、增白的目的，一般漂布面会略微泛红。氯漂利用次氯酸钠的氧化作用来破坏染料结构，从而达到褪色的目的。氯漂的褪色效果粗犷，多用于靛蓝牛仔布的漂洗。漂白对板

后，应以海波对水中及衣物中残余的氯进行中和，使漂白停止。漂白后再进行石磨，则称为石漂洗。

⑦ 破坏洗　成衣经过浮石打磨及助剂处理后，某些部位（骨位、领角等）产生一定程度的破损，洗后衣物会有较为明显的残旧效果。

⑧ 雪花洗　把干燥的浮石用高锰酸钾溶液浸透，然后在专用转缸内直接与衣物打磨，通过浮石打磨在衣物上，高锰酸钾把摩擦点氧化掉，使布面呈不规则褪色，形成类似雪花的白点。

⑨ 喷沙　又叫打沙，它是用专用设备（形象点讲就是一种大型的电动牙刷，只不过是滚筒型的）在布料上打磨，通常有一个充气模型配合。

⑩ 喷马骝　它和喷沙的本质区别就是前者为化学作用，后者则为物理作用。喷马骝就是用喷枪把高锰酸钾溶液按设计要求喷到服装上，发生化学反应使布料褪色。用高锰酸钾的浓度和喷射量来控制褪色的程度。从效果上分，喷马骝褪色均匀，表层里层都有褪色，而且可以达到很强的褪色效果；而喷沙只是在表层有褪色，并且可以看到纤维的物理损伤。

⑪ 碧纹洗　也叫单面涂层、涂料染色。这种洗水方法是专为经过涂料染色的服装而设的，其作用是巩固原来的艳丽色泽及增加手感的软度。

牛仔布缩水率大，在裁剪前，一定要测试缩水率。

6. 纱罗

纱罗织物是采用一种古老的制作工艺，全部或部分采用条形绞经罗组织特殊工艺形成的织物。纱罗织物与普通织物不同，在每根纬纱投入织口后，相邻的经纱相互扭绞，使组织结构中有一定的空隙，并能防止经纱和纬纱发生滑溜和位移。

纱罗织物一般采用细特纱和较低密度织制，布面纱孔清晰、均匀，织物较轻薄，透气性良好，但是手感疲软，缩水率达6%～7%，容易变形，经树脂整理可有明显改善。纱罗品种有漂白、素色、印花和色织纱罗等。其主要用作夏季衣料、蚊帐、窗帘、披肩巾和装饰品等。图3-25为纱罗。

图3-25　纱罗

（三）缎纹类

贡缎是织造工艺较为复杂的一种面料，采用四上一下或一上四下变化缎纹组织织造，分直贡缎和横贡缎两种。直贡缎经纱浮在织物表面，布面有75°左右的斜向倾斜纹路，经纱采用精梳纱，如图3-26所示；横贡缎斜纹角度多在30°以下，布面呈现纬纱，是纬面缎纹。

有很轻薄的用16.7tex（60支）纱织成的贡缎，也有稍厚重的用34tex（30支）纱织成的贡缎，单位面积质量一般在100～200g/m²。一般为精梳棉织物，因其良好的品质特性可作为贡品进贡而得名。

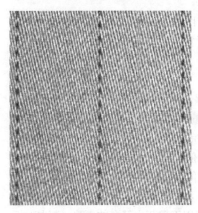

图3-26　直贡缎

贡缎质地柔软，表面平滑，弹性良好，透气性能佳，面料比较光滑，手感好，工艺复杂。贡缎大多数为素色，可以印花，在床品上可以提花。素色一般用作裤料。另外还有弹力贡缎，档次更高。因其富有光泽而且柔和，是棉型织物中最独特的产品，所以是高档裤料或风衣的首选。

（四）其他组织结构的面料

1.灯芯绒

灯芯绒是割纬起绒、表面形成纵向绒条的棉织物。因绒条像一条条灯草芯，所以称为灯芯绒。灯芯绒是采用纬二重组织织制、再经割绒整理，布面呈灯芯状绒条的织物，又称条绒布。

灯芯绒织物绒条圆润丰满，绒毛耐磨，质地厚实，手感柔软，保暖性好，绒条清晰，光泽柔和均匀，但较易撕裂，尤其是沿着绒条方向的撕裂强力较低。

灯芯绒织物在穿着过程中其绒毛部分与外界接触，尤其是服装的肘部、领口、袖口、膝部等部位长期受到外界摩擦，绒毛容易脱落。图3-27为灯芯绒。

图3-27　灯芯绒

灯芯绒织物主要用作秋冬外衣、鞋帽面料，也宜做家具装饰布、窗帘、沙发面料、手工艺品、玩具等。制作灯芯绒制品时应注意绒毛的倒顺向，一般采用同一个方向裁剪。顺毛时会出现反光不匀的现象，因此一般采用倒向，即绒毛朝上的方式，制品绒毛立体感强，光泽柔和。

灯芯绒洗涤时不宜用力搓洗，也不宜用硬毛刷用力刷洗，宜用软毛刷顺绒毛方向轻轻刷洗。不宜熨烫。收藏时也不宜重压，以保持绒毛丰满、耸立。印花灯芯绒一般先印花后刷绒，故图案设计必须考虑其刷绒后的效果，纹样不宜纤细。

常见的灯芯绒面料的种类如下。

① 弹力灯芯绒　在灯芯绒底组织结构的经纱或纬纱中加入弹力纤维可获得经向或纬向弹力灯芯绒。弹力纤维的加入，提高了灯芯绒织物服装穿着的舒适性，使其可制成合体紧身的服装；有利于紧密底布结构，防止灯芯绒掉毛；还可提高服装的保型性，改善了传统棉制服装的拱膝、拱肘现象。

② 黏纤灯芯绒　以黏纤作绒经，可提高传统灯芯绒的悬垂感、光感及手感。黏纤灯芯绒悬垂性好，光泽亮丽，颜色鲜艳，手感光滑，有丝绒般效果。

③ 涤纶灯芯绒　随着人们生活节奏的加快，服装的易保养、洗可穿性能更加受到人们的关注。因此，以涤纶为原料的灯芯绒也是灯芯绒产品中不可缺少的一个分支。它不但颜色鲜艳、洗可穿性能好，而且服装的保型性好，适合做休闲外衣。

④ 彩棉灯芯绒　为适应当今环保的需要，将新型的环保材料运用于灯芯绒也必将使其焕发出新的生命力。以天然彩色棉为原料（或主要原料）制成薄型灯芯绒做成的贴身穿着的男女衬衫，特别是儿童春秋季衬衫，对人体及环境均有着保护作用。

⑤ 色织灯芯绒　传统灯芯绒多以匹染、印花为主。如果将其加工成色织产品，可设计成绒地不同色（可对比强烈）、绒毛混色、绒毛色彩渐变等效果。色织与印花还可相互配合。尽管染色、印花成本低，色织成本稍高，但花色的丰富会给灯芯绒带来无穷无尽的活力。

⑥ 粗细条灯芯绒　粗细条灯芯绒织物采取偏割的方式，使正常的起绒组织织物形成粗细相间的线条，因绒毛长短不一，粗细绒条高低错落有致，丰富了织物的视觉效果。

⑦ 间歇割灯芯绒　通常的灯芯绒均为浮长线通割，若采取间歇式割绒，则纬浮长线间隔地被割断。形成的织物既有绒毛竖立的凸起，又有平齐排列的纬浮长的凹陷，其效果是浮雕状，立体感强，外观新颖别致。起绒与不起绒的凹凸形成多变的条、格及其他几何纹样。

⑧ 飞毛灯芯绒　该风格的灯芯绒需将割绒工艺与织物组织配合起来，形成更为丰富的视觉效果。正常的灯芯绒绒毛均有根部的 V 字形或 W 字形团结，在需要形成露地现象的部位将其地组织固结点去掉，使纬浮长穿过绒经跨两个组织循环。在割绒时，两导针中间的一段绒纬即被两端剪断，由吸绒装置吸去，从而形成更为强烈的浮雕效果。若配合原料的应用，地组织用长丝，其轻薄透明，可形成烂花绒的效果。图3-28为飞毛灯芯绒织物。

⑨ 霜花灯芯绒　霜花灯芯绒于1993年研发，1994～1996年风靡我国内销市场，从南到北掀起"霜花热"，后逐渐走缓。2000年后外销市场开始热销，2001～2004年达到顶峰，霜花灯芯绒现已作为一种常规灯芯绒风格的产品需求平稳。霜花手法可用于绒毛为纤维素纤维的各种规格中。它通过氧化还原剂将灯芯绒绒尖的染料剥去，形成落霜的效果。这种效果不仅迎合了回归潮、仿旧潮，更改善了灯芯绒服用时易磨处的绒毛不规则倒伏或泛白现象，提升了其服用性能和面料档次。

在常规灯芯绒的后整理工艺的基础上增加水洗工艺，在洗液中加入少量褪色剂，使绒毛在水洗过程中自然、随意地褪色，形成仿旧泛白、霜花的效果。

霜花产品可制成全霜花产品和间隔霜花产品，间隔霜花产品又可通过间隔开毛霜花再开毛，或通过高低条剪毛形成。无论哪种风格都得到了市场的高度认可和流行。迄今为止，霜花手法仍是对灯芯绒产品加大风格变化的典范。图3-29为霜花灯芯绒织物。

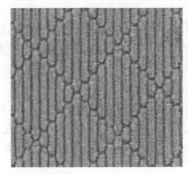

図3-28　飞毛灯芯绒　　　　　　　　图3-29　霜花灯芯绒

⑩ 双色灯芯绒　双色灯芯绒的绒沟和绒毛呈现不同的颜色，并通过两种色泽的和谐搭配营造出朦胧中闪烁光华、深沉中洋溢热情的产品风格，使面料于亦动亦静中演绎出色彩变换的效果。

2. 平绒

平绒是采用起绒组织织制再经割绒整理的织物。其表面具有稠密、平齐、耸立而富有光泽的绒毛，故称平绒。平绒的经纬纱均采用优质棉纱线。平绒绒毛丰满平整，质地厚实，手感柔软，光泽柔和，耐磨耐用，保暖性好，富有弹性，不易起皱。根据起绒纱线不同，分为经平绒（割经平绒）和纬平绒（割纬平绒）。平绒洗涤时不宜用力搓洗，以免影响绒毛的丰满、平整。优良的平绒织物产品外观应达到绒毛丰满直立、平齐匀密，绒面光洁平整、色泽柔和、方向性小，手感柔软滑润、富有弹性等要求。平绒适合制作女式外衣、鞋面等。图3-30为平绒织物。

3. 绒布

绒布是经过拉绒后表面呈现丰润绒毛状的棉织物，分单面绒和双面绒两种。单面绒组织以斜纹为主，也称哔叽绒；双面绒以平纹为主。绒布布身柔软，穿着贴体舒适，保暖性好，宜作冬季内衣、睡衣。印花绒布、色织条格绒布宜做妇女、儿童春秋外衣以及棉衣的里衬。图3-31为绒布织物。

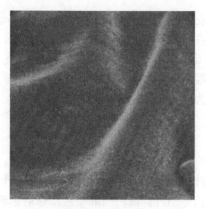

图3-30 平绒

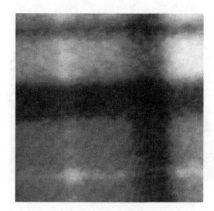

图3-31 绒布

二、麻织物的主要品种及特点

我国麻纺织的历史比丝绸更为悠久。古人最早使用的纺织品就是麻绳和麻布。大麻布和苎麻布一直作为大宗衣料，从宋到明才逐渐为棉布所替代。

下面分别介绍市场上最常见的麻织物的品种及特征。

（一）夏布

中国传统纺织品之一，以苎麻为原料手工织造，常用于夏季衣着。因其凉爽适人，所以叫夏布。夏布的主要品种有原色夏布、漂白夏布，也有染色和印花夏布。

1.原色夏布

如图3-32所示。原色夏布又称皂夏布或本色夏布，以苎麻作原料手工织制，不经漂染。成品因多是土纺土织，故门幅宽窄不一，为36～66cm，匹长在126～315cm。产品质量差异很大。有的产品纱支细而均匀、布面平整光洁、富有弹性、质地坚牢、色泽较白净、爽滑透凉，适于制作夏季衬衫、裤料；有的产品纱支粗细不一、条干不匀、组织稀松、手感粗硬、色泽黄暗，可用作蚊帐和服装衬里等。

2.漂白夏布

经漂白加工后的夏布洁白光亮，布身挺括。也有将苎麻纤维或苎麻纱先行漂白，再织成夏布的，称本白夏布。布面色泽虽较原色夏布白净，但不及织后漂白的洁白，质量细洁平挺。漂白夏布可用作夏装衣料，质地较粗糙的可做蚊帐。

图3-32 原色夏布

3.染色夏布和印花夏布

一般采用土法染色，大都是较浅的青蓝色。染色后的成品分踩光和毛布两种。踩光是染后经过人工用石器踩炼，布身毛糙。染色夏布因为是土法染色，麻纤维未经充分脱胶，影响吸色能力，染出的布料色泽较暗、不鲜艳、牢度差。印花夏布是采用土法手工印花，分水印和土法拷

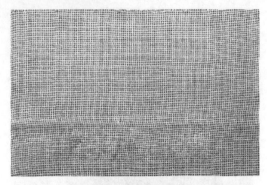

图3-33　染色夏布

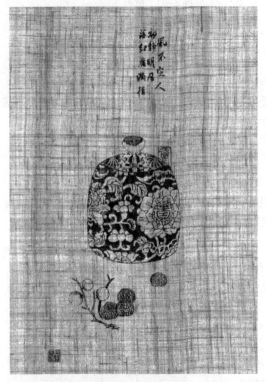

图3-34　印花夏布

图3-35　染色亚麻布

花两种。一般以蓝白色为多，色泽不够鲜艳。在花型上保持着民族色彩，有花朵、蝴蝶、瓜果等，线条比较粗壮。染色和印花夏布主要用作蚊帐和窗帘，也可用作衣料。图3-33为染色夏布，图3-34为印花夏布。

（二）苎麻布

苎麻布是指机纺、机织的麻布。经纱、纬纱一般以中支纱为主。有漂白、什色、印花等品种。漂白苎麻布经漂炼后色泽洁白，富有光泽。什色苎麻布以浅什色为主，色谱较齐全。印花苎麻布，以浅色花布为主，大都是白地印花。苎麻布挺爽、透凉、透气性好、吸湿性好、散热快、出汗不沾身，是夏令时节理想的衣料，还可用作抽绣、台布、茶巾、窗帘和装饰等织品。

（三）亚麻布

亚麻布是采用亚麻作原料的中支纱织物，我国的亚麻产地以东北为主。除纯亚麻织物外，还有采用棉经、麻纬交织的织物，质地坚牢滑爽，手感比纯亚麻布柔软。亚麻布的特点是散热性好、透凉爽滑、平挺无皱缩、易洗涤。亚麻布品种可分两类。

1.原色亚麻布

虽然不漂白，但通过酸洗后手感较软，布面光洁平滑，可制作内衣、窗帘、抽绣衣饰等。

2.漂白及染色亚麻布

经过了漂白和染色处理，布面光洁平滑，可制作服装、被单、台布和窗帘等。图3-35为染色亚麻布。

（四）纯麻细纺

我国生产的12.5tex、10tex苎麻细纺及16.7～14.3tex、27.8～31.3tex亚麻漂白细布等织物均具有细密、轻薄、挺括、滑爽的特征。其中高支稀薄规格的织物更为柔软、凉爽，有较好的透气性能和舒适感。色泽以本白、漂白及各种浅色为主。各种纯麻细纺布适于作夏季男女衬衫及男式高级礼服衬衫、女式抽绣衣裙等服装以及头巾、手帕等服饰配件的用料。

（五）混纺麻织物

1.涤麻混纺布

涤纶65%、亚麻35%的涤麻细布、涤麻凸条西服呢等衣料透气性好、挺括、凉爽、易洗快干，风格粗犷豪放，适于用做夏季外衣及裙衣面料。图3-36为涤麻混纺布。

图3-36　涤麻混纺布

2.麻棉混纺布

棉麻混纺粗平布风格粗犷、平挺厚实。适于做外衣、工作服。细支的具有干爽挺括的风格，且较柔软细薄，适于做春夏季衬衫面料。图3-37为棉麻混纺布。

3.交织麻织物

苎麻纱和棉纱交织布多为粗、中支纱织物，以平纹组织为多、漂白麻布为主。主要特征是质地细密、坚牢耐用、布面洁净，手感均比纯麻织物柔软。其中轻薄的较细支的交织麻布适用于夏季衬衫、衣裙等衣料；较厚的粗支织物则宜用作裤料、海军服、外衣及工作服面料。

图3-37　棉麻混纺布

4.其他麻交织布

国际市场出现的麻棉氨纶弹力织物、丝亚麻交织凸花厚缎等外观风格新颖别致，穿着舒适，具有多种良好服用性能，为高档麻交织衣料，均适用于秋冬季外用服装及时装面料。图3-38为丝麻。

三、毛及毛型织物

毛织物可分为精纺呢绒、粗纺呢绒和长毛绒三大类。

（一）精纺呢绒

用精梳毛纱织制，所用原料纤维较长而细，梳理平直。纤维在纱线中排列整齐，纱线结构紧密。精纺呢绒的

图3-38　丝麻

经纬纱常用双股36～60公支毛线，品种有花呢、华达呢、哔叽、啥咪呢、凡立丁、派力司、女衣呢、贡呢、马裤呢和巧克丁等，多数产品表面光洁、织纹清晰。

1.凡立丁

凡立丁是采用一上一下平纹组织织成的单色股线的薄型精梳毛织物，其特点是纱支较细、捻度较大，经纬密度在精纺呢绒中最小。凡立丁按使用原料分为全毛、混纺及纯化纤。混纺多用黏纤、锦纶或涤纶，还有黏纤、锦、涤纶搭配的纯化纤凡立丁。凡立丁除平纹外，还有隐条、隐

格、条子、格子等不同品种，如图3-39所示。

凡立丁的特征是呢面光洁均匀、不起毛，织纹清晰，色泽鲜艳匀净，光泽自然柔和，质地轻薄透气，有身骨，有弹性，手感挺爽，不板不皱。多数匹染素净，色泽以米黄、浅灰为多，适宜制作夏季的男女上衣和春秋季的西装、中山装、裙子等。

2.派力司

派力司是用混色精梳毛纱织制、外观隐约可见纵横交错的有色细条纹的轻薄平纹毛织物。经纱一般用股线，纬纱用单纱。织物单位面积质量比凡立丁稍轻，140～160g/m²，派力司是条染产品，以混色中灰、浅灰和浅米色为主色。纺纱前先把部分毛条染上较深的颜色，再加白毛条或浅色毛条相混。由于深色毛纤维分布不匀，在浅色面上呈现不规则的深色雨丝纹，形成派力司独特的混色风格。派力司织物布面光洁平整，不起毛，经直纬平，光泽自然柔和，颜色新鲜，无陈旧感，手感滑糯不板结，不糙不硬，有身骨有弹性，纱支条干均匀，是夏季高档呢料。派力司除全毛织品外，还有毛与化纤混纺和纯化纤派力司。派力司适于做夏令西装、裤子等服装。图3-40为派力司。

图3-39　凡立丁　　　　　　　　　　图3-40　派力司

3.板司呢

板司呢属中厚花呢中的一种，是采用精梳毛纱，由二上三下方平组织织制而成的花呢，属中厚精纺呢绒中的传统高档产品，名称为"basket"的音译。板司呢的织纹颗粒饱满突出，呢面形成小格或细格状花纹，呢身平挺，弹性足，抗皱性能好，花色新颖，配色调和，织纹清晰。板司呢按花色不同可分为素色板司呢、混色板司呢和花色板司呢。面料适合做男女西裤、两用衫、夹克衫、猎装、旅游装、西装、西服裙等。图3-41为板司呢。

4.华达呢

华达呢面料是用精梳毛纱织制、有一定防水性的紧密斜纹毛织物。常用斜纹组织，织物表面呈现陡急的斜纹条，斜纹倾斜角度约63°，一般为右斜纹，单位面积质量为270～320g/m²。

华达呢主要分三种。

① 单面华达呢　也叫单面纹，采用二上一下斜纹组织。织物较轻薄，正面纹路清晰，反面纹路模糊，单位面积质量为250～290g/m²。适合制作西装、风衣、夹克衫等服装。图3-42为单面华达呢。

② 双面华达呢　采用二上二下斜纹组织。中厚型双面华达呢正面呈右斜纹，反面呈左斜纹，一般经整理后，正面纹路清晰，反面稍差。图3-43为双面华达呢。

③ 缎背华达呢　正面斜纹组织，反面缎背组织，单位面积质量为330～380g/m²，如图3-44所示。

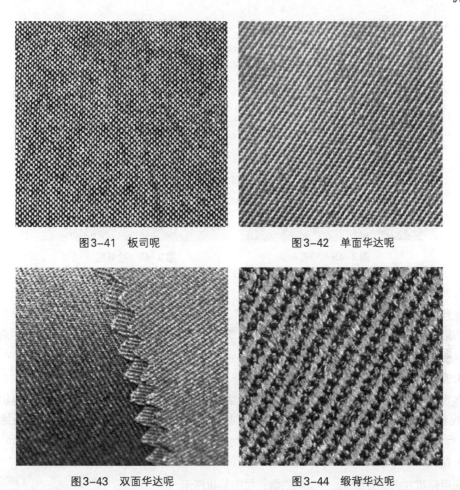

图3-41 板司呢　　　　　　　　　　　图3-42 单面华达呢

图3-43 双面华达呢　　　　　　　　　图3-44 缎背华达呢

呢面平整光洁，斜纹纹路清晰细致，质地厚重，厚实挺括，手感挺括结实，色泽柔和，多为素色，也有闪色和夹花的。经纱密度是纬纱密度的2倍，经向强力较高，坚牢耐穿。但穿着后长期受摩擦的部位因纹路被压平容易形成极光。适宜做雨衣、风衣、制服和便装等。

5. 哔叽

哔叽是精梳毛织物中最基本的品种之一，常用织物组织为二上二下斜纹组织，多为素色毛织物，如图3-45所示。经纬密度比为（0.8～0.9）∶1，经密稍小于纬密。呢面斜纹角度为50°左右，斜纹间距较宽。质地较厚而软，紧密适中，悬垂性好，弹性好，光泽自然柔和，呢面洁净平整，斜纹清晰，边道平直，以藏青色和黑色为多，适用作学生服、军服和男女套装服料。名称来源于英文词"serge"，意思是天然羊毛的颜色。哔叽可用各种品质的羊毛为原料，纱支范围较广，一般为双股30～60公支。织物单位面积质量，薄哔叽为190～210g/m²，中厚哔叽为240～290g/m²，厚哔叽为310～390g/m²。

6. 啥味呢

啥味呢经缩绒整理后外观与粗纺产品法兰绒类似，所以称为精纺法兰绒。常用织物组织为二上二下斜纹组织，斜纹线倾斜角度为50°左右。啥味呢与哔叽的主要区别在于啥味呢是混色夹花织物，而哔叽是单色的。啥味呢产品为条染混色，在深色中混入部分白毛或其他浅色毛。织物手感柔软、丰满，有身骨，弹性好，呢面平整，绒毛齐短匀净，光泽自然柔和。纱线线密度为

20tex×2左右，单位面积质量为230～330g/m²，图3-46为哈味呢。

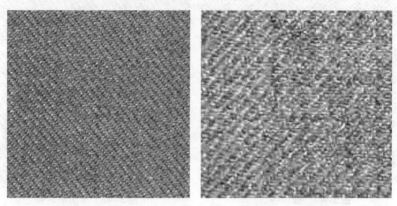

图3-45　哔叽　　　　　　　　　图3-46　哈味呢

7. 驼丝锦

驼丝锦，意为母鹿的皮。结构较紧密，组织采用纬面加强缎纹组织。织物正面呈平纹效应，反面为缎纹效应，如图3-47所示。呢面平整，织纹细致，手感柔滑，有弹性，光泽好，常见织物单位面积质量为280～370g/m²。

8. 直贡呢

直贡呢又称礼服呢，是精纺毛织物中纱线较粗、经纬密度大而厚重的品种。组织采用急斜纹和缎纹变化组织。呢面织纹凹凸分明，纹路间距小，呢面细洁、活络。经纬比为（0.75～0.77）∶1，纱线线密度为16.7tex×2～20tex×2，单位面积质量为300～350g/m²。

9. 花呢

采用起花方式织制而成的一类毛织物，如图3-48所示。

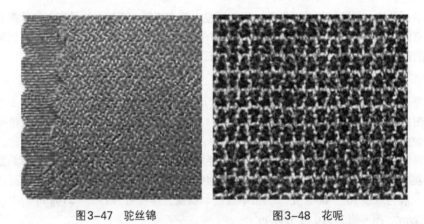

图3-47　驼丝锦　　　　　　　　　图3-48　花呢

① 纱线起花是利用不同色彩、不同捻向的纬纱以及不同的嵌条线织成条子、格子、隐条、隐格等。

② 组织起花是利用平纹、重平纹、仿平纹、双层平纹、斜纹、变化斜纹、联合组织等织物组织构成花样，将它们与色纱巧妙地组合排列，还可构成各种几何图形。

③ 染整起花是通过印、染、整理等加工手段在织物表面做成花样。

花呢品种繁多，分类方法不一。按呢面风格分有纹面花呢、呢面花呢、绒面花呢；按单位面积质量分有薄花呢（195g/m² 以下）、中厚花呢（195～315g/m²）、厚花呢（315g/m² 以上）；按原料分有全毛花呢、毛黏花呢、毛涤花呢等；按花样分有素花呢、条花呢、人字花呢、格子花呢等；按工艺分有精纺花呢、粗纺花呢、半精纺花呢。此外，还有独具风格的单面花呢、海力蒙、火姆司本等品种。花呢适于制作套装、上衣、西裤等。

10. 女衣呢

女衣呢以松结构、长浮线构成各种花型或凹凸纹样，如图3-49所示。女衣呢广泛使用多种染色工艺、花式线等。呢面光洁平整或绒面。利用联合与变化组织等构成纤细的几何花型，利用复杂组织构作别致多层次的花样。花型可为平素、直条、横条、格子及不规则的织纹。女衣呢重量轻，结构松，手感柔软，色彩艳丽。在原料、纱线、组织、染整工艺等方面充分运用各种技法，使女衣呢花哨、活泼、随意。

11. 巧克丁

巧克丁又名罗斯福呢，是类似马裤呢的品种，为斜纹变化组织，如图3-50所示。巧克丁纹道比华达呢粗而比马裤呢细。斜纹间的距离和团进的深度不相同，第一根浅而窄，第二根深而宽，如此循环而形成特殊的纹形。其反面较平坦无纹。巧克丁使用14.3～15.6tex细羊毛为原料，经纱采用20tex以上的双股线，纬纱多用25tex单纱。除纯毛织品外，也有涤毛混纺巧克丁。织品条型清晰，质地厚重丰富，富有弹性。巧克丁有匹染和条染两种，色泽以元色、灰色、蓝色为主，宜做春秋大衣、便装等。

图3-49　女衣呢

图3-50　巧克丁

12. 牙签呢

牙签呢是通过纱的加捻方向不同排列形成隐条效果的，如图3-51所示。呢面光洁，细腻平整，光泽自然柔和，手感滑细柔糯，而且富有弹性，条干均匀，需要精心地选择原料和加工工艺。牙签呢适合制作男式西装、风衣、夹克等。

13. 马裤呢

马裤呢是用精梳毛纱织制的厚型斜纹毛织物，如图3-52所示。因坚牢耐磨，适用于缝制骑马装而得名。织物单位面积质量为340～380g/m²。采用变化急斜纹组织，经密比纬密高1倍以上，经纱的浮点较长，经过光洁整理，织物表面呈现粗壮凸出的斜条纹，有的还在织物背面起毛，使其手感丰满柔软。马裤呢呢面光洁，手感厚实，色泽以黑灰、深咖啡、暗绿等素色或混色为多，也有闪色、夹丝等。除了全毛马裤呢外，还有化纤混纺等品种，都仿效全毛的风格。

图3-51 牙签呢

图3-52 马裤呢

（二）粗纺呢绒

用粗梳毛纱织制。因纤维经梳毛机后直接纺纱，纱线中纤维排列不整齐，结构蓬松，外观多绒毛。粗纺呢绒的经纬纱通常采用单股4～16公支的毛纱。品种有麦尔登、海军呢、制服呢、法兰绒和大衣呢等。多数产品经过缩呢，表面覆盖绒毛，织纹较模糊或者不显露。

1.法兰绒

法兰绒于18世纪创制于英国的威尔士。国内一般是指混色粗梳毛纱织制的、具有夹花风格的粗纺毛织物，其表面由一层丰满细洁的绒毛覆盖，不露织纹，手感柔软平整。法兰绒适用于制作西裤、上衣、童装等，薄型的也可用作衬衫和裙子的面料。原料采用64支的细羊毛，经纬用12公支以上的粗梳毛纱，织物组织有平纹、斜纹等，经缩绒、起毛整理，手感丰满，绒面细腻。织物单位面积质量为260～320g/m²，薄型的为220g/m²。法兰绒多采用散纤维染色，主要是黑白混色配成不同深浅的灰色或奶白、浅咖啡等色，也有匹染素色和条子、格子等花式。法兰绒也有用精梳毛纱或棉纱作经、粗梳毛纱作纬的，粗梳毛纱有时还掺用少量棉花或黏胶纺成。图3-53为纯毛法兰绒。

2.麦尔登呢

麦尔登呢是一种品质较高的粗纺毛织物，因首先在英国麦尔登地方生产而得名。麦尔登呢表面细洁平整、身骨挺实、富有弹性。有细密的绒毛覆盖织物底纹，其耐磨性好，不起球，保暖性好，并有抗水防风的特点，是粗纺呢绒中的高档产品之一。麦尔登呢一般采用细支散毛混入部分短毛为原料纺成62.5～83.3tex毛纱，多用二上二下或二上一下斜纹组织，呢坯经过重缩绒整理或两次缩绒而成。图3-54为麦尔登呢。

图3-53 纯毛法兰绒

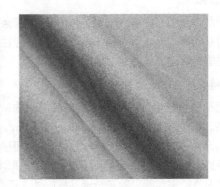

图3-54 麦尔登呢

3.海军呢

海军呢又称细制服呢，是粗纺制服呢类中品质最好的一种，所用原料质量好，呢身平挺细洁。海军呢是由于大多为做海军制服而得名，世界各国海军多用此类粗纺毛织物做军服。该织物还适宜于做秋冬季各类外衣，如中山装、军便装、学生装、夹克、两用衫、制服、青年装、铁路服、海关服、中短大衣等。纯毛海军呢的原料选用58支毛或二级以上羊毛70%以上、精梳短毛30%以下，为了提高强力和耐磨性，也可加入9%以下的锦纶短纤维。混纺海军呢的原料选用58支毛或二级以上羊毛50%以上、精梳短毛20%以下、黏纤30%以下，同时可混入10%～15%的锦纶。经纬纱一般为125tex（8公支）、76.9tex（13公支）粗纺单纱，采用二上二下斜纹组织织造，成品的经纬密度均在200根/10cm左右，成品全幅单位面积质量为600～700g/m²。颜色多为藏青、黑色、蓝灰色等。海军呢分纯毛海军呢、毛黏海军呢、毛黏锦海军呢。海军呢的主要特点是呢面平整细洁，绒毛密集，均匀覆盖，不露底纹，耐磨，质地紧密，有身骨，基本上不起球，手感柔软有弹性，色泽鲜明匀净，光泽好，保暖性强。图3-55为海军呢。

4.人字呢

人字呢也叫赫布里底粗花呢，如图3-56所示。它是粗花呢的一种。原为英国海力斯岛人用山地羊毛手工纺织的一种粗呢的名称，沿用至今。大多采用三四级毛，混用部分为品质支数48～50支的精梳短毛或黏胶纤维，经散纤维染色，纺成100～200tex（10～5公支）混色或单色粗梳毛纱织物用毛纱作经纬，采用二上二下斜纹或破斜纹组织，经轻缩绒（或不缩绒）整理而成。单位面积质量为350～500g/m²。织造时采用不同的色纱排列，可制成平素海力斯或人字、犬牙、格子等花式海力斯。呢面粗而松，织纹清晰明显，具有粗犷的风格。手感厚实，身骨挺括，富有弹性，色泽以中深色为主。人字呢适合用作男式西上装，也可制作女式上装和风衣等。

图3-55 海军呢

图3-56 人字呢

5.粗花呢

粗花呢是粗纺呢绒中具有独特风格的花色品种，其外观特点就是"花"。与精纺呢绒中的薄花呢相仿，粗花呢是利用两种或以上的单色纱、混色纱、合股夹色线、花式线与各种花纹组织配合，织成人字、条子、格子、星点、提花、夹金银丝以及有条子的阔、狭、明、暗等几何图形的花式粗纺织物。

粗花呢采用平纹、斜纹及变化组织，采用的原料有全毛、毛黏混纺、毛黏涤或毛黏腈混纺以及黏腈化纤。粗花呢按呢面外观风格分为呢面、纹面和绒面三种。呢面花呢略有短绒，微露织纹，质地较紧密、厚实，手感稍硬，后整理一般采用缩绒或轻缩绒，不拉毛或轻拉毛。纹面花呢表面花纹清晰，织纹均匀，光泽鲜明，身骨挺而有弹性，后整理不缩绒或轻缩绒。绒面花呢表

图3-57 粗花呢

面有绒毛覆盖，绒面丰富，绒毛整齐，手感较上两种柔软，后整理采用轻缩绒、拉毛工艺，如图3-57所示。

粗花呢的花式品种繁多，色泽柔和，主要用作春秋两用衫、女式风衣等。

6.大衣呢

大衣呢是用粗梳毛纱织制的一种厚重毛织物，因主要用作冬季大衣而得名。织物单位面积质量一般不低于390g/m²，厚重的在600g/m²以上。按织物结构和外观分平厚大衣呢、立绒大衣呢、顺毛大衣呢、拷花大衣呢和花式大衣呢等。

（1）平厚大衣呢　如图3-58所示。平厚大衣呢色泽素净、呢面平整，常采用双面组织，有斜纹、破斜纹、纬二重组织等，用8～12公支粗梳毛纱作经纬，有匹染和散毛染色两种。散毛染色产品以黑色或其他深色为主，掺入少量白毛或其他色毛，俗称夹色或混色大衣呢；匹染产品多用作女式大衣。

（2）立绒大衣呢　立绒大衣呢一般使用弹性较好的羊毛，常采用斜纹、破斜纹或五枚纬面缎纹组织织制，呢坯经反复倒顺起毛整理获得绒面。绒毛细密蓬松，毛绒矗立，有丝绒状立体感，绒面持久，不易起球。穿着柔软舒适，耐磨性能较好。有的立绒大衣呢用纬面缎纹组织织制，纬密较大，无明显织纹，经整理加工后，呢面平整，绒毛细密，又称假麂皮大衣呢。

（3）顺毛大衣呢　顺毛大衣呢外观模仿兽皮风格，光泽好，手感柔滑，适于制作女大衣织物。其多采用斜纹、破斜纹或缎纹组织织制，用刺果湿拉毛整理，绒毛平伏有光泽。使用的原料除羊毛外，常用特种动物毛如山羊绒、兔毛、驼绒、牦牛绒等进行纯纺或混纺，成品均以原料为名，称羊绒大衣呢、兔毛大衣呢等。如在原料中掺入马海毛，呢面光泽尤佳，有闪光效果，常见有马海毛银枪大衣呢等品种。图3-59为顺毛大衣呢。

图3-58 平厚大衣呢

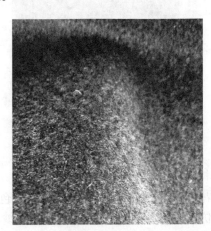

图3-59 顺毛大衣呢

（4）拷花大衣呢　呢面有整齐的立体花纹，质地丰厚，如图3-60所示。织物采用纬起毛组织。纬纱有地纬和毛纬两组，地组织用单层组织、纬二重组织或接结双层组织，并在表面织入起毛纬纱。经起毛整理后，毛纬断裂，簇立起花。拷花大衣呢有顺毛、立绒两种，顺毛手感柔软，立绒质地丰厚。原料选用品质支数为60支以上的细羊毛，经纬纱支数为9～10公支。织物单位面积质量约 600g/m² (花纹有人字、斜纹和其他几何形状)。此外，还有一种仿拷花大衣呢采用一般的人字斜纹组织、用不同色泽的经纬纱交织而成。其绒毛矗立丰厚，并有若明若暗的人字纹。原料常采用品质支数为 58～60 支的羊毛或拼用部分价廉的纤维。

（5）花式大衣呢　花式大衣呢多为轻缩绒和松结构组织的产品。其织纹较明显，常用色纱排列、组织变化或花式纱线等组成人字、点、条、格等粗犷的几何花纹。原料多选用半细毛，经纬纱捻度较少，成品手感蓬松，花纹有凹凸感，色泽鲜明，适于做春秋大衣。图 3-61 为花式大衣呢。

图 3-60　拷花大衣呢

图 3-61　花式大衣呢

（6）双面呢　双面呢是花式大衣呢的一种，用 64 支细羊毛纺制 12～14 公支粗梳毛纱，用双层斜纹组织，一面做成格子、另一面为素色，织物单位面积质量为 500～600g/m²。成衣不用衬里，可正反两面使用，面料正反两面均起绒，采用羊绒或者腈纶较多。手感柔软，布料厚实，保暖性好，是冬季大衣的常用面料。双面呢一般有单色双面呢双色双面呢、印花双面呢。单色双面呢体现了毛呢面料的简单大气、色彩清新、质感优雅成熟。双色双面呢的特点主要体现在正反两面的颜色变化。这两种色彩有可能是同色系、邻近色、亦或是对比色，都从不同的层面展现着服装的多样性。印花双面呢的特点主要体现在印花图案的创新设计上面。时下热点的图案元素都会被拿出来创新设计运用。图 3-62 为双面呢。

（三）长毛绒

经纱起毛的立绒织物。在机上织成上下两片棉纱底布，中间用毛经连接，对剖开后，正面有几毫米高的绒毛，手感柔软，保暖性强。主要品种有海虎绒和兽皮绒。图 3-63 为长毛绒。

图 3-62　双面呢

图 3-63　长毛绒

图3-64 电力纺

图3-65 杭纺

图3-66 雪纺

四、丝及仿丝织物

传统的丝织物根据组织结构和织造工艺可分为纺、绉、绸、缎、绢、绫、罗、纱、绡、葛、呢、绒、绨、锦十四大类。下面分别介绍各类丝绸产品的特征。

1.纺类

纺类是应用平纹组织构成的平整、紧密而又比较轻薄的花、素、条格织物，经纬一般不加捻，如电力纺、彩条纺等。

（1）电力纺　电力纺亦称纺绸，一般采用高级原料为经纬线，经密为500～640根/10cm，纬密为379～450根/10cm，是以平纹组织织成的丝织物，如图3-64所示。其特征是布身细密轻薄、柔软滑爽平挺，比一般绸类飘逸透凉，比纱类密度大，光泽洁白明亮柔和，富有桑丝织物的独特风格。其缩水率大约在6%，搓洗、拧绞时易变形。重磅纺单位面积质量为70g/m²，轻磅纺为20g/m²。其穿着舒适合身，适于做男女衬衫、裙衣、便服等。

（2）杭纺　因其主要产于浙江杭州，故名为杭纺，又名素大绸，如图3-65所示。其经纬丝均采用厂丝，以平纹组织织成丝织物。特征是绸面光滑平整，质地厚实坚牢，色泽柔和自然，手感滑爽挺括，舒适凉爽。杭纺适于做男女衬衫、汉服、京剧的水袖、高档大衣里料等。

（3）绢丝纺　绢丝纺由绢丝线以平纹组织织成。经密400根/10cm，纬密300根/10cm左右。质地轻薄、绸身黏柔悬垂，本色呈淡黄色，可染色印花，宜用它做男女夏季衣料。柞丝绢丝纺用烧毛柞绢丝以平纹组织织成。比桑绢丝纺色泽较黄，绸面光滑，坚牢耐穿，但滴水易有水渍，适于做夏季衬衫、裙衣、短裤等。

（4）雪纺　雪纺为轻薄透明的织物，是丝产品中的纺类产品。质地轻薄透明，手感柔爽富有弹性，外观清淡雅洁，具有良好的透气性和悬垂性，穿着飘逸、舒适。需要手洗，多次洗后容易变灰变浅，不可以暴晒，阳光下直接晾晒会发黄，不易打理，牢固性不好，易绷纱，缝合处易扯破。图3-66为雪纺面料。

2.绉类

绉类运用织造上各种工艺条件、组织结构的作用（如强捻、利用张力强弱或原料强缩的特性等）使织物外观近似绉缩效果，如乔其、双绉等。

绉类是用纯桑丝的紧捻纱以平纹组织织成、绸面呈现皱纹的织物。

（1）双绉　经纱无捻、纬纱采用强捻，且左右相邻两根纬纱采用不同的捻向（一根Z捻，一根S捻）相间排列，以平纹组织进行织造。在炼染后纬丝退捻力和方向不同，使织物表面呈现均匀皱纹。双绉是我国古老传统产品，很早就传到欧洲，法国称双绉为"中国绉"。由于其特殊的纱线结构与工艺，其表面呈现出均匀的细鱼鳞状皱纹。织物光泽柔和典雅，稍有弹力，抗绉皱性好，手感柔软，轻薄凉爽。

双绉的分类如下。

① 按原料分真丝双绉、合纤双绉、黏胶双绉、交织双绉等。

② 按染整加工分漂白、染色、印花双绉等。

真丝砂洗双绉是对经过染色处理的面料进行砂洗处理工艺。经砂洗后，双绉面料变厚，手感细腻、柔滑，有弹性，悬垂性好，洗可穿性大为改善，弥补了真丝织物易皱的缺陷，提高了服用性能。真丝砂洗双绉绸面浮现出细而匀的绒毛，手感丰满，光泽柔和，古朴自然，是其他真丝面料无法媲美的。

双绉类织物适合制作女衣裙、衬衫、礼服等。加工时注意双绉缩水率较大，一般在10%左右。图3-67为双绉面料。

图3-67　双绉

（2）碧绉　亦称单绉，它也是平经皱纬织物。与双绉不同的是它采用单向强捻纬丝且以3根捻合较多，织物表面具有均布的螺旋状粗斜纹闪光皱纹，比双绉厚实。其表面光泽较好，质地柔软，手感滑爽，富有弹性。碧绉适于做男女衬衫、外衣、便服等。

（3）留香绉　它的经纱为两合股厂丝及有光人造丝，纬纱用三合股强捻丝，多用平纹提花组织或皱纹提花组织，如图3-68所示。其特征是绸面绉地色光柔和，呈水浪形织纹。经面缎花的花纹饱满而光泽明亮。花型清晰美观，鲜艳明亮而夺目。光泽自然柔和，色彩鲜艳配合适中，雅趣横生。质地细密，手感柔软，富有民族特色，是我国的传统产品，也是少数民族的特需用绸。地组织暗淡柔和，提花光亮明快、较为美观，花型以梅、兰、蔷薇为主，质地厚实，富有弹性，坚牢耐用。留香绉适用于棉衣面料或便服衣料等。

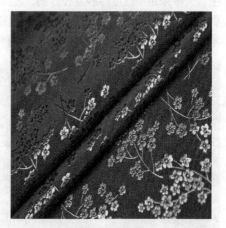

图3-68　留香绉

（4）顺纡绉　顺纡绉与双绉的区别是其纬纱采用一个捻向的强捻纱进行织造，经纱无捻，经染整后整理后，纬纱向一个方向收缩，在布面形成一条顺向的皱纹。顺纡绉除了具有双绉织物柔和的光泽、优良的抗皱性外，皱纹更明显且粗犷，弹性更好，穿着时与人体接触面积更小，因此更加舒适，是理想的连衣裙、衬衫、礼服面料。图3-69为顺纡绉。

3. 绸类

织物的地纹可采用平纹、各种变化组织，或同时

图3-69　顺纡绉

混用其他组织，如织绣绸等。

（1）塔夫绸　如图3-70所示。经线用两根有色有捻熟丝并捻而成，纬线用三根有色有捻熟丝并捻而成，经纬丝密度较高且经密大于纬密。织物单位面积质量约58g/m²。品种有素塔夫、花塔夫、方格塔夫、闪色塔夫和紫云塔夫等多种。其中花塔夫绸是塔夫绸中的提花织物，地纹用平纹，花纹是八枚缎组织。塔夫绸的特征：经线密度大，使花纹突出光亮；质地坚牢，轻薄挺括，色彩鲜艳，光泽柔和；绸面细洁光滑，平挺美观，光泽柔和自然；不易脏污，但易折皱，折叠重压后折痕不易回复，缩水率为2%左右。塔夫绸常用作各种女用服装、外衣、节日礼服、男便服等服装衣料及羽绒被套料、头巾、高级伞绸等。

（2）花线春　亦称大绸。其主要产地以浙江杭州、绍兴为主，山东亦产。真丝花线春是经纱用厂丝、纬纱用7.14tex×2（140／2公支）或8.33tex×2（120／2公支）绢纺线，交织花线春则以棉纱作纬纱，二者均为平纹小提花组织，经密461～465根/10cm，纬密271～301根/10cm。其特征是布面以满地小花或图案为多，质地厚实，比塔夫绸稍稀，绸面均匀紧密，光泽柔和丰润、坚牢耐用，缩水率为5%左右。花线春适用于少数民族外衣和礼服、男女便服等。

（3）柞丝绸　它是以柞蚕丝为原料的绸织物，如图3-71所示。柞丝绸以平纹和斜纹组织为主，大多采用小捻度纬纱且经纱细，经纬密度根据品种而异。其特点是质地较厚实，手感较桑丝绸略硬，织物有厚有薄，外观形成纬向饱满罗纹，绸身平挺较硬、富有弹性、略有光泽，本色呈米黄色，以本白色为主，是外销抢手面料。柞丝绸均适用于夏季西服套装、裙衣、便服等。

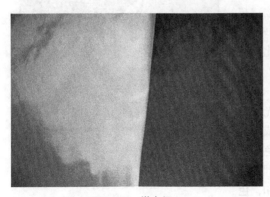

图3-70　塔夫绸

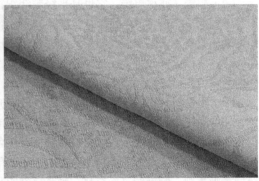

图3-71　柞丝绸

（4）绵绸　绵绸属于绢纺绸，是用缫丝及丝织的下脚丝、丝屑、茧渣等为原料，经绢纺加工成纱线织造而成的，如图3-72所示。多采用平纹组织织成绵绸，其特征是纱条粗细不匀，形成不平整绸面外观，且茧渣使绸面均布黑色粒子；本白略带乳黄色，稍有闪光点；质地厚实，富有弹性，手感黏柔粗糙，富有粗犷及自然美；价格较低。本白纯朴，深色浓郁具有高雅大方之感。印花绵绸更富立体逼真特点，适用于女用衬衫、便装等面料。

（5）双宫绸　一条蚕结一颗茧是正常茧，两条蚕结成一颗茧就是双宫茧，用双宫茧缫的丝就叫双宫丝。双宫茧的单根丝比正常茧的单根丝粗很多，所生产的双宫丝也比正常蚕茧的丝粗，适合用作织造外套的面料。

世界上生产双宫丝的主要国家是日本。日本在20世纪初创建双宫丝厂，而我国在20世纪40年代以后开始生产双宫丝。我国的双宫丝产量最多，并具有颣节多而分布均匀等特点，主要用于织造双宫绸。双宫绸表面有闪光和疙瘩的特殊风格，因此也称疙瘩绸。它经染色、印花后可制成上衣、外套、头巾、领带以及室内装饰品。在我国，双宫丝还用于织制地毯。图3-73为双宫绸面料。

图3-72　绵绸　　　　　　　　　　图3-73　双宫绸

4.缎类

缎类是织物地纹的全部或大部分采用缎纹组织织造的花素织物的总称，表面平滑光亮，手感柔软。其品种很多，主要有以下几种。

（1）素软缎　素软缎是桑丝与人造丝的交织物，如图3-74所示，一般采用生丝作经，有光人造丝作纬，以八枚缎纹织成。缎面经丝浮线较长，排列细密，具有纹面平滑光亮、质地柔软、背面呈细斜纹状的特点。它有素色和印花两种。其色泽鲜艳，浓郁高雅，适于做男女棉衣、便服、绣衣、戏装等。

（2）花软缎　花软缎与素软缎相同，仅为缎纹地的提花组织，以桑丝为地，人丝提花。色泽协调，花纹突出，层次分明，质地柔软光滑。其穿着舒适合身，有华丽富贵之感，适于做男女棉衣、便服、戏装及装饰用布。图3-75为花软缎。

（3）桑波缎　桑波缎属于真丝提花面料中的一种，是指将经纱线或纬纱线按照一定的规律进行交织，使面料表面错落变化形成花纹或图案。桑波缎花型品种多，制造工艺复杂。经纱和纬纱相互交织成不同的图案，花样繁多。且桑波缎高支高密，加捻，凹凸有致，具有质地柔软、细腻、爽滑的独特质感，光泽度好。大提花面料的图案幅度大且精美，层次分明，立体感强，设计新颖，风格独特，手感柔软，大方时尚，尽显典雅高贵气质。缎面纹理清晰，古色古香，非常高贵。面料比乔其厚实，比较柔软，不透明，色泽鲜艳，洗涤后不容易褪色。图3-76为桑波缎。

图3-74　素软缎　　　　　图3-75　花软缎　　　　　图3-76　桑波缎

（4）织锦缎和古香缎　它们属于丝织物中最为精致的产品，采用经面缎纹提花组织织成。其特征是花纹细，织锦缎纬密为1020根/10cm，古香缎纬密为780根/10cm，二者均质地厚实紧密、

图3-77 织锦缎

图3-78 古香缎

图3-79 广绫

缎身平挺、色泽绚丽，通常为三色以上，最多可达七至十色，属于高档缎织物。二者均适于做女装、装饰品等。图3-77为织锦缎，图3-78为古香缎。

织锦缎和古香缎的区别：这两种织物组织基本相同，主要是色泽差别。织锦缎可以有多种颜色，织成的成品鲜艳多彩、光泽明亮、给人以富丽堂皇的感觉；古香缎则偏重较为暗淡的色彩，如黄色、棕色、驼色和古铜色等，给人以典雅古朴的感觉。

图案差别：织锦缎的花纹一般是团花结构，图案以梅兰竹菊、福禄寿喜等为主；古香缎一般是以传统花纹如小桥流水、亭台楼阁、人物形象及花卉等为主，其民族工艺风格更浓。

织物紧度差别：织锦缎结构紧密厚实，面料挺括；古香缎结构疏松，手感柔软。

5.绢类

绢类是应用平纹或重平组织，经纬线炼白、染单色或复色的舒适花素织物。其质地较轻薄，绸面细密、平整、挺括。

（1）天香绢　传统的绢类织物。它采用20/23den厂丝为经纱，120den有光人丝为纬纱，以平纹地提花组织织成。其特征是绢面平纹提缎纹闪光花纹，质地细密，较缎与锦薄而韧，手感滑软，大多为满地散小花图案。缎纹提花易起毛，耐用性较差，适用作女棉衣、旗袍等。

（2）挖花绢　挖花绢以平纹提花组织织成。其特征是除绢面有缎纹提花外，在花纹中嵌以突出色彩的手工挖花，具有刺绣制品的风格。它适于做春秋冬三季各式服装及戏装衣料。

6.绫类

绫类是运用各种斜纹组织为地纹的花素织物，表面具有显著的斜纹纹路，如斜纹绸、美丽绸等。

（1）广绫　广绫包括素广绫与花广绫两种。它一般采用厂丝作经纬、经密为1060～1520根/10cm，纬密490～510根/10cm。通常用八枚缎纹织成，绫的特征是表面斜纹明显、色光艳丽明亮、绸身略硬。白坯广绫亦有风姿，适于做女装镶嵌或服饰用料。图3-79为广绫。

（2）采芝绫　采芝绫属人丝与桑丝的交织织物。它是经向用厂丝、人丝，纬向用人丝，以斜纹组织织成的。它具有质地厚实、绸面提小花的特征，适于做春秋冬服装面料、婴幼斗篷等。

7.罗类

罗类是应用罗组织经向或纬向构成一列纱孔的花素织物，如涤纶纱、杭罗等。

（1）杭罗 因其主要产于杭州，故名杭罗，如图3-80所示。它是采用土丝两根合并为经纱，纬纱用土丝三根或两根合并丝，经密305～332根/10cm，纬密254～275根/10cm，以平纹组织织制的，并间隔几根纬纱绞经一次，因而在平纹织成的平整绸面上具有纱罗状的孔眼。其孔眼在绸面经向排列者称直罗，横向排列者称横罗。杭罗质地紧密结实、挺括爽滑、纱孔透气、穿着舒适凉快、耐洗涤、耐穿着。其服用性能良好，适于做男女夏季衬衫、便服等。

图3-80 杭罗

（2）花罗 花罗是与杭罗相似的绞经组织织品。与杭罗的不同之处是花罗的孔眼按一定花纹图案排列。其多用作夏季女衬衣、女裙、汉服等。罗衣是对罗织品服装的美称。图3-81是花罗。

8.纱类

纱分不提花的素纱和提花的花纱两种。花纱中在平纹地组织上起绞经花组织的称实地纱；在绞经地组织上起平纹花组织的称亮地纱。在纱织物上还可施以印染、刺绣和彩绘。纱类织物轻薄透孔，结构稳定，适用于夏季服装和窗帘等装饰品。现在一般将乔其纱、莨纱也叫纱，因为这两种织物的外观与手感有纱织物的特征。从严格意义上来说，它们不属于严格意义上的纱。

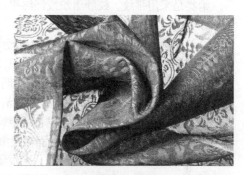

图3-81 花罗

（1）乔其纱 乔其纱采用强捻丝作经纬纱，经纱以2S、2Z相间而纬纱以2Z、2S相间排列，经纬密均较稀疏。其采用平纹组织织成，在漂炼过程中即可产生收缩而使绸面具有乔其纱的特征。它具有细微均匀的皱纹、明显的纱孔、轻薄而稀疏的质地，悬垂飘逸，弹性好，穿着舒适合体。乔其纱适于做夏季女用裙衣、衬衫、便装及婚礼礼服等。图3-82为乔其纱面料。

图3-82 乔其纱

（2）香云纱 香云纱又名莨纱绸，如图3-83所示。黑胶绸或拷绸是一种用薯莨的汁水对桑蚕丝织物涂层，再用含矿物质的河涌塘泥覆盖，经过太阳暴晒加工而成的纱绸制品。目前香云纱以顺德出产为主。香云纱染整技艺是第二批中国国家级非物质文化遗产之一。2011年含香云纱在内的5个产品获得国家"地理标志产品"保护。其规定香云纱的产地范围为广东省佛山市顺德区辖区行政区域，也就是说在产地范围外生产香云纱属侵权行为。

图3-83 香云纱

莨纱有莨纱与莨绸之分。在平纹地上以绞纱组织提出满地小花纹并有均匀细密小孔眼，经上胶晒制而成的丝织物称莨纱；用平纹组织织制绸坯，经上胶晒制而成的丝织物称莨绸。

莨纱绸表面乌黑发亮、细滑平挺，耐晒、耐洗、耐穿、干后不需熨烫，具有挺爽柔滑、透凉舒适的特点。其缺点是表面漆状物耐磨性较差，揉搓后易脱落，因此，洗涤时宜用清水浸泡洗涤。莨纱绸适合制作东南亚亚热带地区的各种夏季便服以及旗袍、香港衫、唐装等。

莨纱的珍贵在于它的全天然。莨纱不仅原料天然，而且染料也是天然的。它由上等的蚕丝织成布匹，再由广东特有的植物莨薯汁液对织物做染色处理，制作过程全部用手工。香云纱的一个完整染制周期需要15天，若遇天气因素（如下雨）还要延长，再加上后期处理则需要3个月到半年时间。香云纱的生产流程中浸、洒、封、煮、水洗等每个过程操作都十分繁复讲究。特别是在染料浓度的比例分配上完全靠经验，而且需要随时调整。

9.绡类

绡类是采用平纹、绞纱组织或经纬平行交织的其他组织而构成的有似纱组织孔眼的花素织物，如头巾、条花绡等。

（1）真丝绡　又称素绡，如图3-84所示。真丝绡以桑蚕丝为原料，经、纬丝均加一定捻度，以平纹组织织制。经、纬密均较稀疏，织物轻薄，织坯经半精炼（仅脱去部分丝胶）后再染成杂色或印花，也有色织的。绡面起皱而透明，手感平挺，略带硬性，织物孔眼清晰。真丝绡为杭州特产之一，薄如蝉翼，细洁透明，织纹清晰，手感滑爽，柔软而又富弹性，在国际市场很受欢迎。其主要用作妇女晚礼服、结婚礼服兜纱、戏装等。

（2）欧根纱　图3-85为欧根纱面料及由欧根纱面料制成的服装。欧根纱可以算作绡的一种，其经纬纱全用单向强捻纱织造而成，平纹组织结构，经树脂整理即可形成绡。其特征是质地稀薄、透明度好、手感挺滑。它适于做婚礼服、芭蕾舞衣裙、时装及童装等衣料。

图3-84　素绡

图3-85　欧根纱及服装

（3）尼丝绡　它属于服装配饰用丝织物，经向用单纤尼龙丝以平纹组织织造而成。其质地稀薄透明，挺滑，坚牢耐用，唯舒适感差。它适于做头巾、表演服装等用料。图3-86是尼丝绡。

（4）缎条绡　它是由缎纹与透明组织相间排列的一种绡类，主印花、嵌金银丝等，适合制作纱巾、连衣裙、礼服等。图3-87为缎条绡及由缎条绡制成的服装。

10.葛类

一般经细纬粗，经密纬疏，不加捻地纹表面少光泽而有比较明显的粗细一致的横向凸纹，如文尚葛、明华葛等。

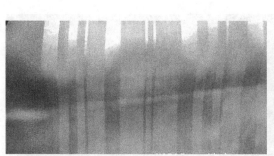

图3-86　尼丝绸　　　　　　　　　　　图3-87　缎条绸及服装

（1）特号葛　它是采用两合股线为经、纬向以四股线用平纹组织提缎纹花织成的。它的绸身反面起缎背、而正面为平纹，有缎纹亮花、质地柔软、花纹美观、坚韧耐穿、但不宜多次洗涤的特点。其适用于春秋冬各式女装及男便服，是少数民族及港澳同胞主要消费的衣料品种之一。

（2）兰地葛　它是以厂丝作经、纬向用人丝的交织物。织物粗细纬丝交叉织入，并以提花技巧衬托，绸面呈现不规则细条罗纹和轧花的特殊风格。其质地平挺厚实，有高雅文静之感，适于做男女便装、外衣等。

11. 呢类

采用绉组织、平纹、斜纹等组织，应用较粗的经纬丝线织制的质地丰厚、仿毛型的丝织物，称为呢类丝织物。一般以长丝和短纤纱交织为主，也有采用加中捻度的桑蚕丝和黏胶丝交织而成的。根据外观特征可将呢分为毛型呢和丝型呢两类，其主要品种为大伟呢、五一呢、康乐呢、四维呢、博士呢、纱士呢等。

（1）大伟呢　仿呢织物，属平经绉纬小提花类。正面织成不规则呢地，反面为斜纹变化组织。具有呢身紧密、手感厚实、光泽柔和、绸面暗花纹隐约可见犹如雕花效果的特征。适合制作长衫、短袄等。

（2）纱士呢　由黏胶丝平经平纬织成的平纹小提花呢类织物。具有质地轻薄、平挺、手感滑爽、外观呈现隐约点纹的特征。常用作夏令或春秋服装。

12. 绒类

采用桑蚕丝或化纤长丝、通过起毛组织织制而成的表面具有绒毛或绒圈的花素织物，称为丝绒织物。它具有外观绒毛紧密耸立、质地柔软、色泽鲜艳光亮、富有弹性等特点。其主要品种有天鹅绒、乔其绒、金丝绒、立绒、烂花绒等。

（1）天鹅绒　也称作漳绒，因起源于福建漳州而得名，是我国传统丝织品的一种。天鹅绒有花、素之分，表面有绒圈的是素绒；而花天鹅绒表面则是部分绒圈按花纹割断成绒毛，使绒毛与绒圈相互衬托，构成花地分明的花纹。天鹅绒绒毛浓密耸立，光泽柔和，质地坚牢耐磨，手感厚实，富有光泽，色泽多以黑色、紫酱色、杏黄色、蓝色、棕色为主。它常用作旗袍、时装等高档服装面料，以及帽子、披肩和沙发、靠垫面料等。其储存以挂藏为宜，以免绒毛倒伏影响美观。图3-88为天鹅绒面料。

（2）乔其绒　它是采用桑蚕丝和黏胶丝交织的双层经起绒丝织物，由双层分割形成绒毛。其起绒部分采用有光黏胶丝，而地经地纬均采用强捻桑蚕丝，故具有绒毛耸密挺立、呈顺向倾斜、手感柔软、富有弹性、光泽柔和等特点。乔其绒可经割绒、剪绒、立绒、烂花、印花等整理，得到烂花乔其绒、烫漆印花乔其绒等名贵品种，宜作妇女晚礼服及少数民族礼服等。图3-89为烂花乔其绒。

图3-88　天鹅绒

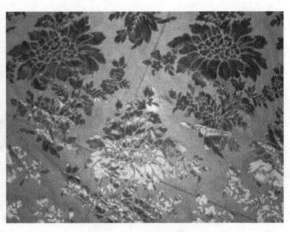

图3-89　烂花乔其绒

（3）立绒　它是采用桑蚕丝和人造丝相交织的经起毛双层绒织物。织造方法同乔其绒，区别在于立绒毛密、短而平整，挺立不倒。立绒具有绒身紧密、手感柔软丰满、光泽柔和、质地坚韧等特点，适合做妇女服装、节日盛装等。其使用时应防止水滴溅上而引起不美观的水渍痕。

13. 绨类

绨类是采用长丝作经、棉纱或蜡纱作纬，以平纹组织交织而成的丝织物。绨类具有质地粗厚、耐用、织纹简洁清晰的特点。它有素、花绨之分，多用于被面、装饰用绸。其常见品种为一号绨、蜡线绨、素绨等。图3-90为线绨。

图3-90　线绨

（1）一号绨　它是采用黏胶丝作经、丝光棉纱作纬交织成的平纹地经起花绨类织物，经密约为纬密的3倍，是线绨类织物中最坚牢耐穿的一种。其质地坚实丰厚，地纹光泽柔和，适宜制作秋冬季服装和装饰绸料。

（2）蜡线绨　它是采用黏胶丝作经、蜡光棉纱作纬交织成的平纹地经起花绨类织物，经密约为纬密的2倍。具有绸面光洁、手感滑爽的特点，多用作秋冬季服装或被面等。

（3）素绨　它是采用铜铵丝作经、蜡光棉纱作纬交织成的平素绨类织物，经密约为纬密的2倍，平纹组织织造。具有质地粗厚缜密、丝纹简洁清晰、光泽柔和的特点，常以元色、藏青色、酱红色、咖啡色为多，是制作男女棉袄的适宜面料。

14.锦类

锦类是外观瑰丽多彩、花纹精致高雅的色织多梭纹提花丝织物。我国有四大名锦，分别是云锦、宋锦、蜀锦和壮锦。

（1）云锦　它是我国具有600年历史的高级艺术丝织物，主要包括库缎、库锦和妆花缎三类品种。

妆花缎是云锦中最华丽而有代表性的产品，如图3-91所示。它是以桑蚕丝、金银线、人造丝为经纬纱，以缎纹提花组织织成的。花纹色彩变化多样，配色十分复杂，少则四色、多则十八色，色彩协调，花纹具有古色古香的民族特征。

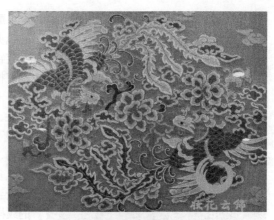

图3-91　妆花缎

库锦是一种花纹全部用金银线织成、且缎面花满并以小花纹为主的丝织物。其特征是织物表面金光闪烁、银光灿烂，颇有富丽华贵的外观，质地厚实平挺，唯一不足是触感欠佳。

库缎为缎纹地提本色花较多的桑丝缎。其质地坚实挺括、缎面平整光洁且有亮暗花纹。

（2）宋锦　因其主要产地在苏州，故又称苏州宋锦，如图3-92所示。宋锦色泽华丽，图案精致，质地坚柔，被誉为中国"锦绣之冠"。它的主要特征是以经纱和纬纱同时显花。宋锦继承了汉唐蜀锦的特点，并在此基础上又创造了纬向抛道换色的独特技艺，即在不增加纬重数的情况下，整匹织物可形成不同的横向色彩。织造上一般采用三枚斜纹组织，图案一般以几何纹为骨架，内填以花卉、瑞草，或八宝、八仙、八吉祥。八宝指古钱、书、画、琴、棋等，八仙是扇子、宝剑、葫芦、柏枝、笛子、绿枝、荷花等，八吉祥则指宝壶、花伞、法轮、百洁、莲花、双鱼、海螺等。在色彩应用方面，其多用调和色，一般很少用对比色。宋锦图案精美、色彩典雅、平整挺括、古色古香，可分大锦、合锦、小锦三大类。大锦组织细密、图案规整、富丽堂皇，常用于装裱名贵字画、高级礼品盒，也可制作特种服装和花边。合锦用真丝与少量纱线混合织成，图案连续对称，多用于画的立轴、屏条的装裱和一般礼品盒。小锦为花纹细碎的装裱材料，适用于小件工艺品的包装盒等。

（3）蜀锦　又称蜀江锦，它是指四川省成都市所出产的锦类丝织品。其起源于战国时期，有两千年的历史。大多以经线彩条起彩，彩条添花，经纬起花，先彩条后锦群，方形、条形、几何骨架添花，纹样对称，四方连续，色调鲜艳，对比性强，如图3-93所示。

图3-92　宋锦

图3-93　蜀锦

图3-94　壮锦

蜀锦图案繁华，织纹精细，质地坚韧而丰满，配色典雅，纹样风格秀丽，独具一格，是一种具有民族特色和地方风格的多彩织锦。如唐代蜀锦的图案有格子花、纹莲花、龟甲花、联珠、对禽、对兽等，十分丰富。在唐末，又增加了天下乐、长安竹、方胜、宜男、狮团、八答晕等图案。在宋元时期，发展了纬起花的纬锦，其纹样图案有庆丰年锦、灯花锦、盘球、翠池狮子、云雀，以及瑞草云鹤、百花孔雀、宜男百花、如意牡丹等。在明代末年，蜀锦受到摧残。到了清代，蜀锦又恢复了生产，此时的纹样图案有梅、竹、牡丹、葡萄、石榴等。

（4）壮锦　壮锦是传统手工织锦，如图3-94所示。据传其起源于宋代。它以棉、麻线作地经、地纬平纹交织而成，用于制作衣裙、巾被、背包、台布等。壮锦的主要产地分布于广西靖西、忻城、宾阳等县。传统沿用的纹样主要有二龙戏珠、回纹、水纹、云纹、花卉、动物等20多种，而后又出现了"桂林山水""民族大团结"等80多种新图案，富有民族风格。图案生动，结构严谨，色彩斑斓，充满热烈、开朗的民族格调，体现了壮族人民对美好生活的追求与向往。壮锦是在装有支撑系统、传动装置、分综装置和提花装置的手工织机上，以棉纱为经，以各种彩色丝绒为纬，采用通经断纬的方法巧妙交织而成的艺术品。其最适合做被面、褥面、背包、挂包、围裙和台布等。

五、化学纤维面料

（一）再生纤维面料

1.人造棉

人造棉是棉型人造短纤维的俗称。其主要品种为以纤维素天然高分子化合物为原料，经过化学加工纺制的如棉型黏胶短纤维。其规格与棉纤维相似，长度一般为35mm，线密度为1.5～2.2dtex。人造棉可在棉纺机上纯纺，也可与棉花或棉型合成纤维（如涤纶、锦纶等）混纺。人造棉织物的特点是染色性好、鲜艳度和牢度高、穿着舒适、耐稀碱、吸湿性优于棉；缺点是不耐酸、回弹性和耐疲劳性差、湿强度低、不耐洗涤。

鉴别纯棉织物与人造棉织物的方法：折一根纱线，在纱线中间润湿，稍后拉伸到断裂。如果是纯棉纱，则在干处断裂；如果是人造棉纱，则在湿处断裂。以三次以上实验为准。另外，人造棉织物悬垂性好，手感凉爽，棉织物则飘、挺，手感温暖。

2.莫代尔面料

莫代尔产品本身具有很好的柔软性和优良的吸湿性，但其织物挺括性差，因此大多用于内衣的生产。莫代尔的针织物制作的内衣穿着舒适随身，排汗性好。莫代尔具有银白的光泽、优良的可染性及染色后色泽鲜艳的特点，足以使之成为外衣所用之才。正因为如此，莫代尔日益成为外衣及其装饰用布的材料。为了改善纯莫代尔产品挺括性差的缺点，将莫代尔与其他纤维进行混纺，可达到很好的效果。例如，棉和莫代尔的混纺织物使棉纤维更加柔顺，并且改善了织物的外观。莫代尔在机织物的织造过程中也可体现其可织性。它可以和其他纤维的纱进行交织，从而织成各种各样的织物。莫代尔产品在现代服装服饰上有着广阔的发展前景。

3.牛奶丝面料

半精纺、色纺工艺制成的牛奶纤维混纺纱线，其毛纱颜色同色性好且品种多样化。特别是采用多种配比的纱线达到优势互补的效果，既能体现其他纤维的性能，又能充分发挥牛奶纤维的特性，给针织T恤、休闲衫、毛衫、内衣带来新的特色，其产品十分畅销。

男式T恤、女式休闲衫一般选用三合股纱线，因其截面呈三角形，捻度稳定，织造时不会打卷，弹性好，强力高，衣料挺括。若采用配比为牛奶丝/绢丝/竹纤的混纺纱线，则织出的织物风格独特。牛奶丝的轻盈润滑、绢丝的亮泽丝滑，再配上竹纤的舒爽亮丽，使织物清爽透气、柔软舒适，具有一种天然的高雅质感。毛衫内衣则多选用高支合股纱线。牛奶纤维与丝光羊毛的搭配是一个完美的组合，其织物细腻柔滑，轻盈舒适，无刺痒感。牛奶纤维含17种氨基酸，贴身穿着对皮肤有亲和性，具有润肤养肌的功效。

4.铜铵丝面料

铜铵丝面料吸湿性好，放湿快，穿着凉爽舒适，染色性好，色彩艳丽，不起静电，手感爽滑，融合了天然纤维的优点和化学纤维的功能，一年四季都能保持衣服内舒适的湿度和温度，具有冬暖夏凉的功效，可称为"呼吸型纤维"。它常用作服装衬里、夏季连衣裙、时装等。缺点是色牢度差，不耐日光。铜铵丝面料洗涤后不易残留洗涤剂，对肌肤的摩擦刺激小，可以很好地呵护肌肤。铜铵丝不耐碱，注意洗涤时不要使其接触碱性大的东西。图3-95为铜铵丝面料。

图3-95 铜铵丝面料

（二）合成纤维面料

合成纤维织物外观风格变化多样，可以仿棉、仿麻、仿丝、仿毛，也可以制成独特的金属光泽面料。总体来说，合成纤维面料弹性好，不易起皱，大多色彩艳丽，不易褪色，耐磨性好；共同缺点是易起毛起球、抗静电性差、吸湿性差、穿着有闷热感。但其成本低，易洗涤保养，是目前面料市场的主要部分。

1.涤纶面料

涤纶面料强度高，耐磨性好，色牢度好，不易褪色，坚牢耐用，挺括抗皱，易洗快干，保型性好，热塑性好，可以高温定型为各种褶皱，耐热性和热稳定性好，不霉不蛀。缺点是吸湿性差、易起静电、易吸附灰尘、染色性差。其主要品种有以下几种。

① 纯涤面料　由于涤纶本身具有弹性好、抗皱性强、强度高、可塑性强的特点，涤纶可以制成各种风格的面料。其具有天然纤维面料无可比拟的外观效果，在面料市场占有很大比例。图3-96为涤纶

图3-96 涤纶皱纹布

图3-97 涤纶仿麻面料

图3-98 涤纶顺纤绉

图3-99 腈纶人造毛皮

皱纹布。

②棉型涤纶面料 棉型涤纶面料是指将涤纶纤维切成长度与棉纤维长度接近、在棉纺设备上纺织而成的织物,一般与棉、黏纤混纺制成具有天然棉织物特征的面料。棉型涤纶面料手感与棉接近,且强度高,耐磨性好,成衣尺寸稳定性好,不易起皱,洗可穿性强,缺点是易起毛起球。其主要品种有棉涤细布、棉涤府绸、棉涤卡其布、涤棉烂花布等。

③麻型涤纶织物 涤纶仿麻织物具有麻织物挺爽的特征,又具有涤纶的弹性与抗皱性。其主要品种有麻的确良、麻涤混纺面料等。图3-97为涤纶仿麻面料。

④毛型涤纶织物 毛型涤纶织物具有毛织物的外观及特征,抗皱性好,耐磨性好,洗可穿,不虫蛀,价格低廉,适合制作春秋服装、裤子等。毛型涤纶面料主要品种有涤纶仿毛各类精梳、粗梳毛织物及涤纶与毛、黏胶混纺各类毛织物。

⑤丝型涤纶织物 涤纶仿丝绸可以做到以假乱真的效果。它具有丝绸的手感与外观,比丝绸面料更好的弹性、耐磨性及抗皱性,色彩艳丽不褪色,洗可穿,是夏季服装常用面料。图3-98为涤纶顺纤绉。

2.锦纶织物

(1)锦纶纯纺织物 一般用锦纶长丝,如尼丝纺。表面光洁平整,质地紧密挺括,可制作服装里衬、背包材料等,经防水涂层处理的面料可以做雨伞、雨衣、滑雪衫等。

(2)锦纶混纺面料 锦纶短纤维与棉、羊毛、黏纤、涤纶进行混纺,强度高,耐磨性好,抗皱性好,吸湿性好,可以消除静电,适合各类服装面料。

(3)锦纶交织物 锦纶长丝与黏胶长丝交织的织锦面料,既有锦缎的外观效果,又大大降低了面料成本。目前市场上常见的织锦缎、古香缎很多都是锦纶长丝交织物。

3.腈纶面料

腈纶面料耐光性极好,是户外服装常见面料。在家居面料中,窗帘耐光、遮光性好是由于窗帘布中很大比例是腈纶面料。腈纶具有羊毛的外观特点,与毛的混纺面料常见于呢绒类。腈纶人造毛皮面料用途很广,可以制作服装、毛毯等。图3-99为腈纶人造毛皮。

第五节　面料识别

在第一章中介绍了纤维的鉴别方法，但对于不同纤维成分的面料来说，简单而实用的鉴别方法非常重要，在选择与使用面料过程中常常用到这方面的知识。最常见的面料成分鉴别方法是手感目测法，不同纤维成分的面料呈现不同的手感与光泽。另外，在服装加工过程中，面料纱向、正反面识别等都很重要。

一、面料纤维成分鉴别方法

（一）棉型面料纤维成分鉴别

1.纯棉布

布面光泽柔和，手感柔软，弹性较差，易皱折。用手捏紧布料后松开，可见明显折皱，且折痕不易回复原状。从布边抽出几根经、纬纱捻开观看，可见纤维长短不一。

2.黏棉布（包括人造棉、富纤布）

布面光泽柔和明亮，色彩鲜艳，平整光洁，手感柔软，弹性较差。用手捏紧布料后松开，可见明显折痕，且折痕不易回复原状。

3.涤棉布

布面光泽较纯棉布明亮，平整洁净，无纱头或杂质，手感滑爽、挺括，弹性比纯棉布好。手捏紧布料后松开，折痕不明显，且易回复原状。

（二）毛型织物面料成分鉴别

1.纯毛精纺呢绒

织物表面平整光洁，织纹细密清晰，光泽柔和自然，色彩纯正，手感柔软，富有弹性。用手捏紧呢面后松开，折痕不明显，且能迅速回复原状。纱线多数为双股。

2.纯毛粗纺毛呢

呢面丰满，质地紧密厚实，表面有细密的绒毛，织纹一般不显露，手感温暖、丰满，富有弹性。纱多为粗支单纱。

3.毛涤混纺呢绒

织物外观具纯毛织物风格，呢面织纹清晰，平整光滑，手感不如纯毛织物柔软，有硬挺粗糙感，弹性好于全毛和毛黏呢绒。用手捏紧呢面后松开，折痕迅速回复原状。

4.毛腈混纺呢绒

大多为精纺，毛感强，具毛料风格，有温暖感，弹性不如毛涤。

5.毛锦混纺呢绒

呢面平整，毛感强，外观具蜡样光泽，手感硬挺。手捏紧呢料后松开，有明显折痕，能缓慢地回复原状。

（三）丝型面料纤维成分鉴别

真丝绸面平整细洁，光泽柔和，色彩鲜艳纯正，手感滑爽、柔软，外观轻盈飘逸。干燥情况下，手摸绸面有拉手感，撕裂时有丝鸣声。

黏胶丝织物（人丝绸）绸面光泽明亮但不柔和，色彩鲜艳，手感滑爽、柔软，悬垂感强，但不及真丝绸轻盈飘逸。手捏绸面后松开，有折痕，且回复较慢。撕裂时声音嘶哑。经、纬纱沾水弄湿后极易拉断。

二、织物正反面识别

一般织物正面的花纹色泽均比反面清晰美观。

① 具有条格外观的织物和配色花纹织物，其正面花纹必然是清晰悦目的。凸条及凹凸织物正面紧密而细腻，具有条纹或者图案凸纹；而反面较粗糙，有较长的浮长毛。

② 单面起毛的面料，起毛绒的一面为正面。双面起毛的面料则以绒毛光洁、整齐的一面为织物的正面。

③ 观察织物的布边。布边光洁、整齐的一面是织物的正面。

④ 双层、多层织物，如正反面的经纬密度不同，则一般正面有较大的密度或正面的原料较佳。

⑤ 纱罗织物，纹路清晰、绞经突出的一面为正面。

⑥ 毛巾织物，毛圈密度大的一面为正面。

⑦ 印花织物，花型清晰、色泽较鲜艳的一面为正面。

⑧ 整片的织物，除进口织物之外，凡粘贴有说明书（商标）和盖有出厂检验章的一般为反面，其正面反面有明显的区别。但也有不少织物的正反面极为相似，两面均可应用，因此对这类织物可不强求区别其正反面。

三、面料经纬向的区别

① 如被鉴别的面料是有布边的，则与布边平行的纱线方向便是经向，另一方向是纬向。

② 上浆的是经纱的方向，不上浆的是纬纱的方向。

③ 一般织品密度大的一方是经向，密度小的一方是纬向。

④ 筘痕明显的布料，则筘痕方向为经向。

⑤ 对半线织物，通常股线方向为经向，单纱方向为纬向。

⑥ 若单纱织物的成纱捻向不同，则Z捻向为经向，S捻向为纬向。

⑦ 若织品的经纬纱线密度、捻向、捻度都差异不大，则纱线条干均匀、光泽较好的为经向。

⑧ 若织品的成纱捻度不同，则捻度大的多数为经向，捻度小的为纬向。

⑨ 毛巾类织物，其起毛圈的纱线方向为经向，不起毛圈的方向为纬向。

⑩ 条子织物，其条子方向通常为经向方向。

⑪ 若织品有一个系统的纱线具有多种不同的特数，这个方向则为经向。

⑫ 纱罗织品有扭绞的纱的方向为经向，无扭绞的纱的方向为纬向。

⑬ 在不同原料的交织物中，一般棉毛或棉麻交织的织品中，棉为经纱；毛丝交织物中，丝为经纱；毛丝绵交织物中，丝、棉为经纱；天然丝与绢丝交织物中，天然丝为经纱；天然丝与人造丝交织物中，天然丝为经纱。

由于织物用途极广，品种也很多，对织物原料和组织结构的要求也是多种多样，因此，在判断时还要根据织品的具体情况来定。

第四章

针织物

第一节　针织物的技术指标

针织物是由一个系统的纱线利用织针将纱线弯曲成圈，并依次圈套而织成的织物。

根据织造方法主要分经编针织物和纬编针织物两大类。

一、针织物的技术指标

线圈是针织物的基本结构单元，它是一个三度弯曲的空间曲线。线圈由圈柱和圈弧组成，直线的称为圈柱，弧线的称为圈弧。

1.线圈长度

线圈长度是指每个线圈的纱线长度（以毫米为单位）。它不仅决定了针织物密度，而且对针织物的脱散性、延伸性、耐磨性、弹性、强力以及抗起毛起球性和抗钩丝性等也有很大影响。

在针织物中，线圈在横向排列的一行称为一个线圈横列，纵向串套的一列称为一个线圈纵行。在线圈横列上，两个相邻线圈对应点间的水平距离称为圈距。在线圈纵行上，两个相邻线圈对应点间的垂直距离称为圈高。

针织物线圈的形式有正反面之分。圈柱覆盖圈弧的线圈称正面线圈，圈弧覆盖圈柱的线圈称反面线圈。一面为正面线圈（图4-1），而另一面为反面线圈（图4-2）的织物，称单面针织物；正面线圈与反面线圈混合分布在同一面的称双面针织物。

图4-1　正面线圈

图4-2　反面线圈

2.密度

线圈密度是指针织物在单位长度或单位面积内的线圈个数。它反映在一定纱线粗细条件下针织物的稀密程度。通常用横密、纵密和总密度表示。

横密是针织物沿线圈横列方向规定长度（50mm）内的线圈数。

纵密是针织物沿线圈纵行方向规定长度（50mm）内的线圈数。

总密度是针织物在规定面积（如25cm^2）内的线圈数。

针织物横密对纵密的比值，称为密度对比系数。

3.未充满系数

未充满系数是指线圈长度对纱线直径的比值。它说明在相同密度条件下，纱线粗细对针织物稀密程度的影响。未充满系数愈大，针织物就愈稀疏。

4.单位面积质量

单位面积质量是指每平方米干燥针织物的质量（克数）。它可以通过线圈长度、针织物密度与纱线线密度（或支数）求得。

5.缩率

缩率是指针织物在加工或使用过程中长度或宽度变化的百分率，常分为下机缩率、染整缩率、水洗缩率和弛缓回复缩率。

二、针织物的组织结构

（一）纬编针织物

针织物组织根据线圈结构与相互间排列分为原组织、变化组织和花色组织等。原组织是所有针织物的基础，由线圈以最简单的方式组合而成。这类组织纬编针织物有纬平组织、罗纹组织、双反面组织。

1.原组织

（1）纬平组织　纬平组织又叫平针组织。正面由线圈的圈柱组成，反面由线圈的圈弧组成。该组织是由大小均匀的同一种线圈组成，即纬编单面组织。纬平组织织物具有高度横向延伸性，比纵向延伸性大2倍。当纵横向密度相等时，纵向的断裂强度比横向断裂强度高。纬平组织有卷边现象，且沿纵横向都容易脱散。剪来的针织物如果缝合不当，也易脱散。图4-3（a）为纬平组织正面，图4-3（b）为纬平组织反面。

(a)　　　　　　　　　(b)

图4-3　纬平组织

（2）罗纹组织　由正反面线圈纵行交替配置而成。由于正反面线圈纵行配置数不同，形成不同外观风格与性能的罗纹。按正反面线圈纵行数的不同配置，有1+1、1+2、2+2、3+2罗纹组织等。罗纹组织针织物横向具有高度延伸性和弹性，密度越大，弹性越好，不卷边，横向不易脱散，但纵向脱散性仍然存在。它一般适合做服装的袖口、衣领等部位。图4-4为罗纹组织。

（3）双反面组织　由正反面线圈横列交替排列而形成。由于纱线弹力的作用，线圈在纵向倾斜，织物收缩，致使圈弧突出在织物的表面，故织物有反面的外观。双反面组织针织物有很大的弹性，其卷边性不强，也有脱散性。主要特点是在同样的密度及纱线线密度条件下，其织物比纬平组织和罗纹组织织物厚度大。图4-5为双反面组织。

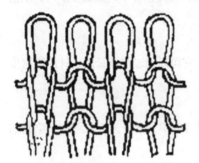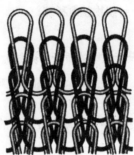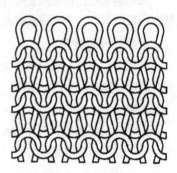

图4-4　罗纹组织　　　　　　图4-5　双反面组织

2. 变化平针组织

由两个平针组织纵行相间配置而成。使用两种色纱则形成两色纵条纹织物，色条纹的宽度则视两平针线圈纵行相间数的多少而异。

变化罗纹组织：如用两个1+1罗纹形成外观似2+2罗纹的变化罗纹；用一个2+2罗纹加一个1+1罗纹相间排列形成外观好似3+3罗纹的变化罗纹。

3. 提花组织

（1）单面提花组织　由两根或两根以上的不同颜色的纱线相间排列形成的一个横列组织。

（2）双面提花组织　双面提花组织的花纹可在织物的一面形成，也可同时在织物的两面形成。一般采用织物的正面提花，不提花的一面作为织物的反面。提花组织的反面花纹一般为直条纹、横条纹、小芝麻点以及大芝麻点等。

4. 集圈组织

（1）单面集圈组织　利用集圈单元形成凹凸小孔效应，如图4-6（a）所示。

（2）双面集圈组织　在罗纹组织和双罗纹组织的基础上进行集圈编织而成。有半畦编组织，一面为单针单列集圈，另一面为平针线圈形成组织，即珠地网眼组织；畦编组织的两面都为单针单列集圈，即柳条组织，如图4-6（b）所示。

5. 添纱组织

（1）全部线圈添纱组织　指织物内所有的线圈均由两个线圈重叠形成，织物的一面由一种纱线显示，另一面由另一种纱线显示，如图4-7所示。

（2）部分线圈添纱组织　绣花添纱是将与地组织同色或异色的纱线覆盖在织物的部分线圈上，排列成一定的花纹。浮线添纱是以平针组织为基础，组织中地纱线密度小，面纱线密度大，由地纱和面纱同时编织出紧密的添纱线圈。

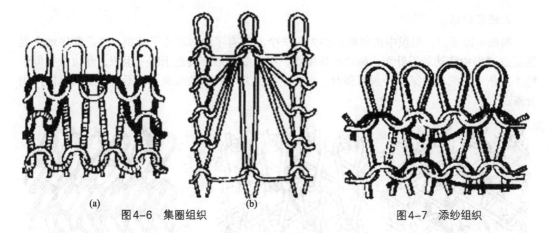

(a) (b)

图4-6 集圈组织   图4-7 添纱组织

6.衬垫组织

（1）平针衬垫组织   以平针组织为地组织，由地纱编织而成，衬垫纱在地组织上按一定的比例编织成不封闭的圈弧。

（2）添纱衬垫组织   由面纱、地纱和衬垫纱编织而成，其中面纱和地纱编织成添纱平针组织。衬纬组织是在基本组织或变化组织的基础上，沿纬向衬入一根辅助纱线而形成的组织。

7.毛圈组织

（1）普通毛圈组织   地组织为平针组织，而每一个附加线的沉降弧都形成毛圈。

（2）花式毛圈组织   又叫浮雕花式毛圈组织。

8.移圈组织

图4-8为移圈组织。

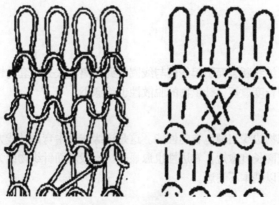

图4-8 移圈组织

（二）经编针织物

1.经平组织

同一根纱线所形成的线圈交替排列在相邻两个纵行线圈中。织物正反面外观相似，卷边性不明显；逆编结方向容易脱散，当一个线圈断裂时织物易沿纵行分离成两片。图4-9为两种不同的经平组织。

2.经缎组织

如图4-10所示，组织中的每根经纱先以一个方向有序地移动若干针距，然后顺序地在返回原位过程中移动若干针距，如此循环编织。织物线圈形态接近于纬平组织，卷边性类似于纬平组织；当织物中某一纱线断裂时，也有逆编织方向脱散的现象，但不会在织物纵向产生分离。

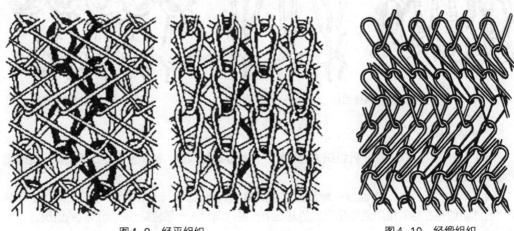

图4-9　经平组织　　　　　　　　　　　图4-10　经缎组织

3.编链组织

每根经纱始终绕同一枚针垫纱成圈，形成一根连续的线圈链。织物每根经纱单独形成一个线圈纵行，各线圈纵行之间没有联系；结构紧密，纵向延伸性小，不易卷边。

三、针织物的特性

1.脱散性

在针织物中因某根纱线断裂而引起线圈与线圈彼此分离和失去串套的性能。纱线的摩擦系数与抗弯刚度愈大，线圈长度愈短，针织物的脱散性也就愈小。

2.卷边性

在自由状态下针织物边缘出现包卷的性能。这是边缘线圈中弯曲纱线力图伸直所引起的。纱线愈粗，弹性愈好，线圈长度愈短，卷边性也愈显著。一般双面针织物因为在边缘处正反面线圈的内应力大致平衡，所以基本不卷边。

3.延伸性

在外力拉伸下针织物尺寸伸长的性能。由于线圈能够改变形状和大小，所以针织物具有较大的延伸性。改变组织结构能减少针织物的延伸性。

4.针织物的歪斜

针织物在自由状态下，其线圈经常发生歪斜现象，从而造成线圈纵行的歪斜，直接影响到针织物的外观和服用性。

造成线圈歪斜的原因是纱线捻度不稳定，线圈圈柱产生的退捻力使线圈的针编弧分别向不同方向扭转，致使整个线圈纵行发生歪斜。强捻纱织物歪斜现象明显。

5.弹性

针织物的弹性一般较好。影响弹性的因素主要有纱线性质、线圈长度和针织物组织。不同组织结构的面料，弹性差异较大，例如罗纹组织织物横身弹性最大。

6.钩丝和起毛起球

针织物遇到毛糙物体会被钩出纤维或纱线，抽紧部分线圈，在织物表面形成丝环，这种现象叫作钩丝。织物在穿着洗涤中不断经受摩擦，纱线中的纤维端露出织物表面形成毛绒，叫作起毛。在穿着中如果毛绒相互纠缠在一起揉成球粒，叫作起球。除了使用条件外，影响钩丝与起毛起球的因素主要有原料品种、纱线结构、针织物组织以及染整加工等。针织物结构较为松散，纱线之间束缚力小，在外力作用下，纱线中纤维尾端很容易伸出织物表面造成钩丝起毛，且纤维越长，起毛起球性越严重。

第二节　常见针织面料特征

一、纬编针织面料

纬编针织面料常以低弹涤纶丝或异型涤纶丝、锦纶丝、棉纱、毛纱等为原料，采用平针组织、变化平针组织、罗纹平针组织、双罗纹平针组织、提花组织、毛圈组织等，在各种纬编机上编织而成。它的品种较多，一般有良好的弹性和延伸性，织物柔软，坚牢耐皱，毛型感较强，且易洗快干。不过它的吸湿性差，织物不够挺括，且易于脱散、卷边，化纤面料易于起毛、起球、钩丝。

（一）棉针织布

1.针织汗布

一种薄型针织物。一般用细特或中特纯棉或混纺纱线，在经编或纬编针织机上用平针、集圈、罗纹、提花等组织编结成单面或双面织物，再经漂染、印花、整理，然后裁缝成各种款式的汗衫和背心。布面光洁，纹路清晰，质地细密，手感滑爽，纵、横向具有较好的延伸性，且横向比纵向延伸性大，吸湿性与透气性较好，适合制作内衣及床上用品。图4-11为针织汗布。

2.珠地网眼布

由于面料背面呈现四角形状，故行业内常见"四角网眼"的称呼。它利用线圈与集圈悬弧交错配置形成网孔，又称珠地织物。按平针线圈与集圈悬弧数目相等或不等、但相差不多的方式，交替跳棋式配置，形成多种珠地组织。在罗纹的基础上编织集圈和浮线，形成菱形凹凸状网眼效应。采用罗纹组织与集圈组织复合，可在织物表面形成蜂巢状网眼，如图4-12所示。珠地网眼布由于面料有排列均

图4-11　针织汗布

匀整齐的凹凸效果、和皮肤的接触面小、透气和散热好、排汗性良好、体感舒适度优于普通的单面汗布组织，一般常用作T恤、运动服等。

常见的面料是以棉、丝光棉、棉涤混纺、莫代尔、竹纤维等为原料。

3.鱼鳞布

鱼鳞布也叫毛圈布或卫衣布，采用衬垫组织，正面是纬平针效果，反面呈现鱼鳞效果，如图4-13所示。衬垫纱线的存在使布料厚度、保暖性、挺括性比纬平针织物好，布面反面的线圈增加了面料的吸湿性。鱼鳞布适合制作卫衣、运动服、童装等。

图4-12 珠地网眼布　　　　　　　　　　　　　图4-13 鱼鳞布

4.棉毛布

棉毛布采用双罗组织针织物，如图4-14所示。原料大多采用线密度为14～28tex的棉纱，捻度略小于汗布用纱。该织物手感柔软，弹性好，布面匀整，纹路清晰，稳定性优于汗布和罗纹布。其横向弹力大，具有厚实、保暖性好、无卷边等特点，广泛用于缝制棉毛衫裤、运动衫裤、外衣、背心、三角裤、睡衣等。因织物的两面都只能看到正面线圈，故又称为双面布。

5.罗纹布

采用罗纹组织织造，常见的有1+1罗纹（平罗纹）、2+2罗纹等。罗纹针织物具有平纹织物的脱散性、卷边性和延伸性，同时还具有较大的弹性，有较好的收身效果，常用于T恤的领边、袖口，主要用于休闲风格的服装。图4-15为罗纹布。

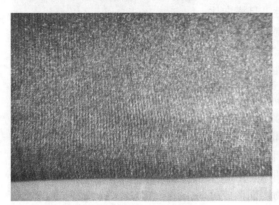

图4-14 棉毛布　　　　　　　　　　　　　　　图4-15 罗纹布

6.罗马布

罗马布是一种纬编针织面料，也叫潘扬地罗马布（ponte-de-roma），俗称打鸡布，如图4-16所示。罗马布是四路一个循环，布面没有普通双面布平整，有点不太规则的横条。面料横竖弹性都较好，但横向拉伸性能不如双面布。其吸湿性强，用于制作贴身衣物，透气、柔软、穿着舒适。罗马布还适合制作T恤衫、紧身裤、打底衬等。

7.华夫格

一种表面呈现方形或菱形的凹凸双面针织物，很像华夫饼干，因而得名，如图4-17所示。可机洗，不掉毛，不起球，适合制作外衣、内衣、运动服等。

图4-16 罗马布

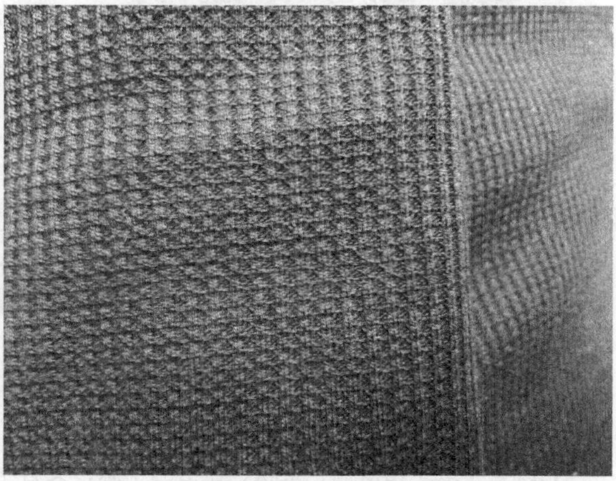

图4-17 华夫格

（二）涤纶针织面料

1.涤纶色织针织面料

织物色泽鲜艳、美观、配色调和，质地紧密厚实，织纹清晰，毛型感强，有类似毛织物花呢风格。织物主要用作男女上装、套装、风衣、背心、裙子、棉袄、童装等面料。

2.涤纶针织劳动面料

这种织物紧密厚实，坚牢耐磨，挺括而有弹性。若原料用含有氨纶的包芯纱，则可以织成弹力针织牛仔，弹性更好。涤纶针织劳动面料主要用于男女上装和长裤。

3.涤纶针织灯芯绒面料

如图4-18所示，织物凹凸分明，手感厚实丰满，弹性和保暖性良好。该织物主要用于男女上装、套装、风衣、童装等面料。

4.涤盖棉针织面料

该织物染色后做衬衫、夹克衫、运动服面料。面料挺括抗皱，坚牢耐磨，贴身一面吸湿透气，柔软舒适。

图4-18 涤纶针织灯芯绒

5.人造毛皮针织面料

织物手感厚，柔软，保暖性好。根据品种不同，织物主要用于大衣、服装衬里、衣领、帽子等面料。人造毛皮也有用经编方法织制的，如图4-19所示。

6.天鹅绒针织面料

如图4-20所示，织物手感柔软、厚实、坚牢耐磨，绒毛浓密耸立，色光柔和。其主要用作外衣面料、衣领或帽子用料等。它也可以用经编织造，例如经编毛圈剪绒织物。

图4-19 人造毛皮 　　　　　　　　　图4-20 天鹅绒针织

7.港型针织呢绒

它既有羊绒织物滑糯、柔软、蓬松的手感，又有丝织物的光泽柔和、悬垂性好、不缩水、透气性好的特点。其主要用作春秋冬的时装面料。

珍珠呢属于粗纺毛针织面料，其风格是表面有绒毛，但光滑明亮，质地厚实，具有较好的保暖性。因其外观光滑明亮、色泽类似珍珠而得名。图4-21为珍珠呢。

8.蚂蚁布（蚂蚁绒）

它是针织毛圈组织的变化产品，通常是正面毛圈，反面起绒、刷绒而制成。蚂蚁布产品手感非常柔软，保暖性好，透气性好，是适合用于外套、夹克、保暖内衣、运动服里料、校服以及毯子等各类春秋冬季产品的上好面料，如图4-22所示。化纤蚂蚁布在手感、弹性及舒适性方面较纯毛差，易起毛、起球，不易缩水，色彩艳丽，在抓紧放松后有显见的折皱痕。

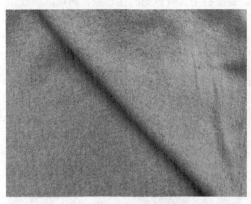 

图4-21 珍珠呢 　　　　　　　　　图4-22 蚂蚁布

9.摇粒绒

摇粒绒又称羊丽绒，是针织面料的一种。它是小元宝针织结构，由大圆机编织而成。织成后坯布先经染色，再经拉毛、梳毛、剪毛、摇粒等多种复杂工艺加工处理。面料正面拉毛，摇粒蓬松密集而又不易掉毛、起球；反面拉毛疏稀匀称，绒毛短少，组织纹理清晰，蓬松弹性特好。它的成分一般是全涤、毛涤混纺、纯毛。其手感柔软，而且有明显的粒子，比机织呢绒更柔软，弹性好，适体性强，悬垂性好。

10.珊瑚绒

珊瑚绒采用新型改性超细涤纶，纤维表面呈蜂窝状，且纤维间密度较高，覆盖性好。绒毛具有犹如活珊瑚般轻软的体态，色彩斑斓，

图4-23 珊瑚绒

故称之为珊瑚绒，如图4-23所示。珊瑚绒毯的吸水性是全棉产品的3倍。它采用100%超细复合纤维，纤度只有普通纤维的二十分之一，具有超强的吸水性，易吸易干，不留水渍，不霉烂，不粘污，抑菌又卫生。它使用方便美观，经久耐用，且手洗即可，便于打理。珊瑚绒保暖性极佳，尤其适合阴冷潮湿的南方冬季，适合制作毛毯、睡衣等。

二、经编针织面料

经编织物分为两大类。一为拉色尔织物，主要特征是花型较大，布面粗疏，孔眼多，主要做装饰织物。纤维一般采用腈纶。二为经编针织物，布面细密，花色少，但是产量高，主要做包覆织物和印花布。这类织物多用于化纤长丝，常以涤纶、锦纶、维纶、丙纶等合纤长丝为原料，也有用棉、毛、丝、麻、化纤及其混纺纱作原料织制的。它具有纵尺寸稳定性好、织物挺括、脱散性小、不会卷边、透气性好等优点。但其横向延伸性、弹性和柔软性不如纬编针织物。

主要有以下种类。

① 涤纶经编面料 布面平挺，色泽鲜艳，有厚型和薄型之分。薄型的主要用作衬衫、裙子面料，中厚型、厚型的则可做男女大衣、风衣、上装、套装、长裤等面料。

② 经编起绒织物 主要用作冬季男女大衣、风衣、上衣、西裤等面料。织物悬垂性好，易洗、快干、免烫，但在使用中静电积聚，易吸附灰尘。

③ 经编网眼织物 服用网眼织物的质地轻薄，弹性和透气性好，手感滑爽柔挺，主要用作夏令男女衬衫面料。

④ 经编丝绒织物 表面绒毛浓密耸立，手感厚实、丰满、柔软，富有弹性，保暖性好，主要用作冬令服装、童装面料。

⑤ 经编毛圈织物 这种织物手感丰满厚实；布身坚牢厚实，弹性、吸湿性、保暖性良好，毛圈结构稳定，具有良好的服用性能，主要用作运动服、翻领T恤衫、睡衣裤、童装等面料。

第五章

服装材料的服用性能及加工性能

第一节　服装材料的服用性能

服装是人体的防护屏障，它的主要功能是保护功能，其次是装饰功能和标识功能。这三个功能中起主要作用的是服装材料的性能，其次是结构等。从这个角度来看，服装材料的服用性能非常重要。讨论服装材料的服用性能主要从这三个角度：服装材料的外观性能、舒适性能、耐用性能。

服装材料的外观性能主要指审美效果，如光泽、色密度、悬垂性、尺寸稳定性、花纹、抗起毛起球性、抗皱性等，能够提供服装美观的外形。

舒适性能主要指满足人体生理卫生和活动自如所需要具备的各种性能，具体包括吸湿性、透气性、透湿性、保暖性等，能够维持并满足人体生理需要的热湿平衡，达到透湿、保暖或者凉爽舒适的要求。

耐用性能主要指耐加工性能与耐穿着性能，包括强度、耐磨、耐光、阻燃性、抗顶破、撕破等。

服装材料的服用性能取决于制成服装的面料的原料成分及加工方法，包括纤维、纱线、织物组织结构及后整理方法等一系列因素。其中原料是最根本、最重要的一个因素。关于原材料性能，前面章节已经详细介绍过了，在此不再重复。本节主要从设计者角度全面考虑消费者需求，介绍在选择服装面料时应该着重关注的内容。

一、面料的外观性能

面料外观性能主要包括两个方面，一方面指面料本身固有的性能，它决定了面料制成服装后，在穿着过程中的稳定性，这种性能称为外观保持性；另一方面指通过人们视觉和触觉所感知到的织物性能，这种性能称为面料的表现性能。

（一）面料外观保持性

1. 抗皱性

面料抵抗由于揉搓或使用过程中引起弯曲变形的能力叫抗皱性。面料的抗皱性由纤维成分的弹性决定，其次是纱线结构、织物组织结构和后处理等。纤维的弹性好，面料的抗皱性就好，如涤纶、羊毛。而棉、麻、黏胶纤维弹性较差，由这样的纤维制成的织物弹性相对较差。

最简单的判断面料抗皱性能强弱的方法是用手大把握住面料用力攥紧，然后放松，观察其回弹情况及折痕深浅；或者在布边折起一角，稍用力摁压，待去除压力后观察其回复能力及折痕深浅。凡抗皱性好的面料，表现出的回复能力高，不留折痕或折痕很浅。

2. 免烫性

免烫性又称为洗可穿性，是指面料经洗涤后不经熨烫而保持平整不起皱的性能。

面料的免烫性与纤维的吸湿性有关。吸湿性差的纤维，在湿态下水分子难以进入纤维内部或与纤维结合而引起纤维的变形。缩水率小，面料经水洗后不易变形，免烫性好。合成纤维中的涤纶织物，免烫性最好；毛纤维虽然干态下弹性很好，但吸湿后纤维膨胀，可塑性增大，弹性变差。所以毛织物水洗后易出皱，洗可穿性下降，必须经过熨烫才能穿着。

判断面料的洗可穿性一般采用水洗实验法。取一定大小试样在水中揉搓，然后拎起晾干，观察表面平整度，以此判断织物的洗可穿性。

3. 收缩性

面料的收缩性主要是指新的织物在使用过程中发生收缩而引起尺寸变化的现象。其中有自然回缩、受热回缩、遇水回缩。

自然回缩是指面料从出厂到使用前发生的收缩现象。

受热回缩是指面料在熨烫过程中的收缩。大多数合成纤维为热塑性高聚物，熨烫温度过高会导致热缩。

遇水回缩是指面料经过洗涤后尺寸缩短，又叫缩水。

缩水的主要原因：纤维吸湿膨胀，纱线直径变大，面料中纱线屈曲程度增加，使面料纵横向长度缩短，导致干燥后面料纵横向尺寸变小。吸湿性大的纤维缩水明显，如棉、麻、黏胶等纤维面料缩水较大，而涤纶几乎不缩水。

织物的密度不同，缩水率也不同。如经纬向密度相近，其经纬向缩水率也接近。经密大于纬密的织品，经向缩水就大；反之，纬密大于经密的织品，纬向缩水也就大。

织物纱线粗细不同，缩水率也不同。纱线粗的布缩水率就大，纱线细的织物缩水率就小。

伸长变形的收缩：在生产加工过程中，织物始终受到外力拉伸作用，使纤维、纱线以及织物产生伸长变形。当外力去除后，织物内部存在回缩的趋势。遇水后，伸长变形的回缩更加明显。这种收缩在各种纤维织物内部都存在。

羊毛缩绒导致的收缩，只存在于部分毛制品中。

回缩是服装生产加工中考虑尺寸的因素之一，在服装加工前要把面料的回缩量加进去。回缩程度大小用缩率来表示。

$$\text{缩率} = \frac{\text{缩前长} - \text{缩后长}}{\text{缩后长}} \times 100\%$$

不同纤维成分的面料缩水率不同，其中棉为4%～10%，化纤为4%～8%，棉涤为3.5%～5.5%，府绸为3%～4.5%，花布为3%～3.5%，卡其、华达呢为4%～5.5%，斜纹布为4%，哔叽为3%～4%，劳动布为10%，人造棉为10%。

4. 面料起毛、起球性与钩丝性

（1）起毛、起球性　织物表面的纤维因不断受到摩擦而从织物中抽出产生毛绒，未脱落的纤维相互纠缠并加剧纤维的抽拔，纤维纠缠越来越紧，最后形成小球粒；连接球粒的纤维断裂或抽拔，出现部分球粒脱落。

织物的起毛是普遍现象，而起球是特殊现象。织物起球必须满足以下条件。

① 纤维要求具有足够的强度伸长性（高的断裂功或韧性大）和耐疲劳性。

② 纤维要柔软、易于弯曲变形和形成纠缠。

③ 纤维要有足够多和足够长的突出毛羽。

④ 纤维要有产生纠缠的摩擦条件（非单向，能反复进行）。

（2）钩丝性　织物的钩丝性是指织物在使用过程中，纤维和纱线由于钩挂而被拉出织物表面的现象。织物的钩丝主要发生在长丝织物、针织物及浮线较长的机织物中。它不仅影响织物外观美感，而且使织物的耐用性变差。

导致织物出现钩丝的原因如下。

① 纤维性状　圆形截面的纤维与非圆形截面的纤维相比，圆形截面的纤维容易钩丝。长丝与短纤维相比，长丝容易钩丝。纤维的伸长能力和弹性较大时，能缓和织物的钩丝现象。这是因为织物受外界粗糙、尖硬物体勾住时，伸长能力大的纤维可以由本身的变形来缓和外力的作用；当外力释去后，又可依靠自身较好的弹性局部回复进去。

② 纱线性状　纱线结构紧密、条干均匀的织物不易钩丝。所以，增加一些纱线捻度可减少织物钩丝。纱织物比线织物易钩丝，高膨体纱比低膨体纱易钩丝。

③ 织物结构　结构紧密的织物不易钩丝。这是由于织物中纤维被束缚得较为紧密，不易被钩出。表面平整的织物不易钩丝。这是因为粗糙、尖硬的物体不易钩住这种织物的组织点。针织物钩丝现象比机织物明显，其中平针织物不易钩丝，纵横密大的、线圈长度短的针织物不易钩丝。

④ 后整理　加工热定型和树脂整理能使织物表面变得较为光滑平整，钩丝现象有所改善。以上讲的主要是机织物。针织物与机织物组织结构不同，因此性质也有一定差异。针织物特有的脱散性、卷边性、歪斜性和横向延伸性，对针织物质量和服用性能影响很大，在原料和纱线捻度的选用及针织工艺设计上必须加以注意，以保持针织物的良好外观和服用性能。

5.色牢度

色牢度又称染色牢度、染色坚牢度，是指纺织品在加工与使用过程中，颜色对各种外力作用的抵抗能力。这些外力包括光照、洗涤、熨烫、汗渍、摩擦和化学药剂等。有些印染纺织品还经过特殊的整理加工，如树脂整理、阻燃整理、砂洗、磨毛等，这就要求印染纺织品的色泽相对保持一定牢度。

色牢度主要包括五个方面：摩擦色牢度、熨烫色牢度、皂洗色牢度、日晒色牢度及汗渍色牢度。

（二）面料的表现性能

通过人们的视觉和触觉所感知到的性能叫织物的表现性能，主要包括软硬感、粗滑感、轻重感、透明或不透明感、冷热感、悬垂感等。

1.软硬感

表示面料的硬挺度与柔软感。硬挺度大的面料大多挺括，有身骨。挺括的面料适用于线条明朗的款式，并且硬挺的面料会使身体与面料之间形成空隙，常用来弥补身体的缺陷；柔软的面料触感轻薄、柔滑、飘逸、悬垂性好，流动的面料线条最能充分体现人体优美的曲线。绫、罗、绸、缎、丝、锦、纱、绉等均属此类。它们适宜制作优雅而柔和的设计，线条造型上不适合采用尖锐、粗硬的线条。

2.粗滑感

按面料触感分为粗糙和光滑感，面料纱线的粗细变化、织物结构的不同会使布面产生凹凸不平状，富有立体感。而纤维光滑、纱线均匀紧密的织物，其布面平整、光滑细腻，这种织物外观略显平淡，常在款式设计上采用分割线或缝迹变化等处理手段。

3.轻重感

面料轻薄，充满灵动感；面料厚重，给人以庄重感。轻薄面料凉爽、透气，多用于夏季服装，厚实面料保暖性强，多用于冬季服装。厚实、挺括、蓬松、温暖是厚重型面料形成的外观感受。由于其具有形体扩张感，因此在服装设计中不宜过多采用褶裥和堆积。毛、呢等是此类面料的代表。

4.透明或不透明感

面料有透明、半透明和不透明之分。透明型面料质地轻薄而通透，具有优雅而神秘的感官效果。常见种类包括棉、丝、纱、缎、蕾丝等。外观透明面料在缝头处理和省道位置必须慎重考虑，否则会影响面料的表现力。

5.冷热感

一般来说，丰满厚实、毛茸茸的面料有温暖感，光滑的面料有凉爽感。冬季服装一般选择温暖感的面料，凉爽感面料适合夏季。

6.悬垂感

面料由于自身重量，在下垂时能产生优雅形态的特性叫悬垂性。悬垂性反映织物的悬垂程度和悬垂形态，是决定织物视觉美感的一个重要因素。悬垂性能良好的织物能够形成光滑流扬的曲面造型，具有良好的贴身性，给人以视觉上的享受。主要用于衣料的纺织品一般都需具有良好的悬垂性；而用于窗帘、帷幕、裙料的织物对悬垂性的要求就更高。

二、面料的舒适性能

服装的舒适性是人们心理、生理因素的综合体验，其主要取决于织物的性能。与服装舒适性有关的织物性能主要是透气性、透湿性、吸湿性、吸水性、保暖性等。

吸湿性和吸水性是纺织纤维吸收、放出气态和液态水的能力。纤维的吸湿性和吸水性直接影响其制品的服用和加工性能，因此，在贸易计价、纺织服装加工和面料选择时都要考虑纤维材料的吸湿性和吸水性。

1.纤维吸湿性的影响

纤维吸湿性的影响主要表现在以下几个方面。

① 穿着舒适性　纤维的吸湿性好，制品吸湿透气，不易积蓄静电，穿着舒适，便于洗涤。

② 染色性　吸湿性好的纤维，染色性一般都好，但也易于褪色。对于一些吸湿性很差的纤维，如丙纶，甚至无法染色，只能用特种方法进行染色。

③ 贸易与生产加工　纤维的吸湿性能使得纤维在环境温湿度变化的情况下重量发生相应变化，影响贸易计价，同时影响生产加工。

纤维吸水后，纤维和纱线横向膨胀，纱线屈曲度增加，导致织物尺寸变化，干燥后无法回复到原尺寸，这种现象称为织物的缩水。织物缩水会影响服装成品的尺寸稳定性，因此在加工过程中要注意。

2.纤维吸湿指标

衡量纤维吸湿性的指标主要有含水率和回潮率。

含水率 M ：指纤维中所含水分重量占纤维湿重的百分比。

回潮率 W ：指一定重量的干燥纤维，在某一环境温湿度条件下所吸收水分的重量（达到水分动态平衡时）占纤维干重的百分比。

用 G_0 表示纤维干重，用 G_1 表示纤维湿重，则

$$M = \frac{G_1 - G_0}{G_1} \times 100\%$$

$$W = \frac{G_1 - G_0}{G_0} \times 100\%$$

纤维含水率表示纤维中含有液态水多少，纤维回潮率表示在某种大气条件下纤维的吸湿能力，这两个指标都受环境条件的影响。为了比较各种不同纺织材料的吸湿能力，往往把它们放在统一的标准大气压条件下，一定时间后它们的回潮率达到一个稳定的值，这时的回潮率叫标准回潮率。关于标准回潮率的规定国际上是一致的，而容许的误差各国略有出入。我国规定温度为20℃±3℃，相对湿度为65%±3%。

表5-1为几种常见纤维在不同的相对湿度条件下的回潮率（数据仅供参考）。

表5-1　几种常见纤维的回潮率

纤维种类	空气温度为20℃，相对湿度为 ρ		
	ρ=65%	ρ=95%	ρ=100%
原棉/%	7～8	12～14	23～27
苎麻/%	12～13		
细羊毛/%	15～17	26～27	33～36
桑蚕丝/%	8～9	19～22	36～39
普通黏胶纤维/%	13～15	29～35	35～45
富强黏胶纤维/%	12～14	25～35	
锦纶/%	3.5～5	8～9	10～13
涤纶/%	0.4～0.5	0.6～0.7	1.0～1.1
腈纶/%	1.2～2	1.5～3	5～6.5
维纶/%	4.5～5	8～12	26～30
丙纶/%	0	0～0.1	0.1～0.2

公定回潮率：在贸易和生产加工过程中，纺织材料所处的环境条件各不相同，温湿度变化较大。为了方便计量，必须对各种纺织材料的回潮率进行统一规定，这称为公定回潮率。

注意：公定回潮率是人为统一规定的，是为了工作方便；某种纤维的公定回潮率与实际回潮率有差异，这个差异的大小是我们所关注的，也就是说，实际回潮率与公定回潮率之间的差值，是影响贸易和生产计量的值。

各国对公定回潮率的规定并不一致。我国常见几种纤维的公定回潮率如表5-2所示。各种纱线的公定回潮率与纤维回潮率并不一致，要注意。

表5-2　纤维回潮率

纤维种类	公定回潮率/%	纤维种类	公定回潮率/%
原棉	11.1	铜铵纤维	13
洗净毛	15	醋酯纤维	7
山羊绒	15	涤纶	0.4
干毛条	18.25	锦纶	4.5

纤维种类	公定回潮率/%	纤维种类	公定回潮率/%
油毛条	19	腈纶	2.0
桑蚕丝	11	维纶	5
苎麻	12	氨纶	1
黄麻	14	丙纶	0
亚麻	12	氯纶	0
黏胶纤维	13		

3.纤维吸湿、放湿时的热效应

纤维在吸湿时，气态水分子进入纤维内部后变成液态水，分子运动能量会转变为热量释放，所以纤维吸湿时放出热量；而纤维在放湿时要吸收水分的汽化热，所以放湿时吸热。这种吸、放湿的热效应会延缓服装材料在穿着过程中吸、放湿的温度变化，对人体温度起到调节作用。

4.纤维吸湿后性能变化

① 吸湿后，纤维中水分含量增加，而水是热的良导体，因此，纤维导热能力增加，保暖性下降。

② 吸湿后，纤维中水分的存在使得电子更易于运动，不便于静电聚集，纤维抗静电性增加。

③ 吸湿后，纤维一般会发生膨胀，使得纤维直径增加，从而导致制品长度缩短。

吸水性是指材料在一定温度和湿度下吸附水分的能力，其大小用含水率表示。

影响因素如下。

① 与孔隙率、孔隙特征有关。材料孔隙率大、微孔且开口孔隙多的材料含水率大。

② 与材料的化学成分有关。亲水性材料则含水率大；憎水性材料则含水率小。

③ 与空气相对湿度和温度有关。空气相对湿度越大，含水率越大；反之相对湿度越小，含水率越小。温度越高，空气对水分蒸发能力越强，含水率越小；反之温度越低，含水率越大。

注意区别吸水性和吸湿性。吸水性是指如果把这种材料放置于水中，等到材料吸水饱和后，最多能吸收并保持的水分。这是材料的一个固性，是由材料本身的一些性质来决定的，如化学构成、孔隙率等。而吸湿性是指这种材料在一定的外界环境（温度、湿度）中所吸收并保持的水分。所以，衡量吸湿性的含水率的取值范围在0到质量吸水率间。

一般情况下，人体皮肤表面的湿度比外界空气高，所以人体皮肤表面的水分穿过布扩散到外界空气中。如果扩散不充分，就会产生不舒服的感觉。因此，服装面料要求有适度的吸湿、放湿性能和适度的水分发散速度。内衣面料和夏季服装面料要求透湿能力较强，而冬季外衣面料对此要求较低。

透气性是指当织物两侧存在一定压力差时，空气透过织物的能力。它的作用在于排出衣服内积蓄的二氧化碳和水分，使新鲜空气透过。根据透气性的大小，面料可分为易透气、难透气和不透气三种。影响面料透气性的主要因素有织物的密度、厚度，织物组织，纱线线密度、捻度，纤维的截面形状，织物后整理等。

夏季服装面料需要有较高的透气性，冬季外衣面料要求透气性小。采用紧密的面料制作冬季外衣能够保证服装具有良好的防风性能，减少衣服内热空气与外界冷空气对流，防止人体热量的散失。但是完全没有透气性的服装即使在冬天也会使人体感觉不舒服。

面料的保暖性也很重要。在有温差的情况下，热量总是从高温部位向低温部位传递，这种性能称为导热性，而抵抗这种传递的能力则是保暖性。在天然纤维中，保暖性从高到低依次为蚕丝、羊毛、棉、麻；在化学纤维中保暖性从高到低依次为氨纶、醋酯纤维、腈纶、黏纤、涤纶、丙纶、锦纶。腈纶的保暖性与羊毛接近，但腈纶相对密度比羊毛小，因此，同等重量的腈纶纤维和羊毛相比较，腈纶保暖性优于羊毛。

三、面料的耐用性能

服用面料的耐用性能要求面料不易损坏，同时要求面料在服用初期和服用一段时间后仍能保持外观与性质不变或者变化很小。面料不仅需要承受穿着过程中所受各种外力作用，而且需要承受服装加工过程中对织物的损伤。

1. 耐热性

纤维的耐热性直接决定纤维制品加工时的熨烫温度以及穿着过程中的洗涤保养条件。表5-3为各种纤维耐热、燃烧及洗涤温度。

表5-3　各种纤维耐热、燃烧及洗涤温度

纤维	耐热与燃烧	洗涤最佳温度/℃
棉	150℃分解，275～456℃燃烧	90～100
亚麻	130℃ 5h变黄，200℃分解	90～100
苎麻	130℃ 5h变黄，200℃分解	90～100
蚕丝	120℃ 5h变黄，235℃分解	30～40
羊毛	205℃焦化	30～40
黏胶纤维	150℃开始分解	30～40
锦纶	215～250℃熔融	30～40
涤纶	255～260℃熔融	40～50
腈纶	190～240℃软化	40～50

2. 阻燃性

纤维按其燃烧能力的大小可以分为以下三种。

① 易燃的，如纤维素类纤维、腈纶。

② 可燃的，如蚕丝、羊毛、锦纶。

③ 难燃的，如氯纶。

在选择服装面料时，应根据服用对象要求，合理选择纤维材料，如特种工作——消防员服装，要求阻燃隔热。

3. 织物拉伸强度

衡量织物拉伸强度的指标有断裂强度、断裂功、断裂伸长率等指标。

（1）断裂强度　织物断裂强度指标单位常用N/5cm，即5cm宽度的织物的断裂强力。

（2）断裂功　织物在外力作用下拉伸至断裂时，外力对织物所做的功。

（3）断裂伸长率　织物原长与断裂时被拉伸了的长度的比值。

影响织物强度的因素如下。

① 纤维性质　纤维品种不同，织物的拉伸断裂性能也不相同。即使是相同品种的纤维，当它的性状上稍有差异时，织物的拉伸断裂性能亦会产生相应的变化。

② 纱线的线密度和结构　在织物组织和密度相同条件下，用线密度较大的纱线织造的织物，其强度比线密度小的高。

③ 经纬密度和织物结构　若经密不变仅纬密增加，则织物纬向强度增加，而经向强度有下降的趋势；若纬密不变仅经密增加，则不仅织物经向强度增加，纬向强度也有增加的趋势。织物组织的种类很多，就机织物的三原组织而言，在其他条件相同时，平纹织物的断裂伸长率大于斜纹，而斜纹又大于缎纹。

④ 织物的后整理　经树脂整理后，织物的一般服用性能可以得到改善，但织物的撕裂强力会降低。

（4）纤维的伸长弹性　纤维在受到外力作用时产生伸长，外力去除时伸长部分回复。这种回复能力叫弹性。回复得越多，弹性越好，服用性能越好。弹性对纺织制品服用性能的影响主要表现在以下几个方面。

① 影响面料的抗皱性　弹性越好的纤维制品，抗皱性越强，在穿着过程中越不容易起皱。

② 影响人体活动　弹性越好的纤维制品，在穿着过程中，人体活动时受限越少。运动服装类一般采用弹性大的面料，人们常说现在奥林匹克竞技更大程度上是各国之间科技的竞技，最能体现这一竞技的就是运动员所穿着服装的科技含量，其中之一就是弹性因素的影响。

③ 影响服装的使用寿命　一般来说，弹性好的纤维制品耐磨性就好，耐疲劳能力强，使用寿命长。

4. 织物的顶破性能

织物在垂直于其平面的负荷作用下顶起或鼓起扩张而破裂的现象称为顶破。

影响织物顶破性能的因素如下。

① 织物拉伸断裂强力对顶破强力有直接影响。通常，随着织物经纬向拉伸强力的增加，顶破强力明显提高。

② 机织物经纬向的结构和纱线性质差异程度对织物顶破或胀破强力有很大的影响。实验表明，当经纬纱的断裂伸长率、织缩和经密、纬密相近时，经、纬两系统同时发挥分担负荷的最大作用，故顶破强力较大；反之，差异大的，首先在伸长能力差的系统断裂，顶破强力较小。

而针织物正是由于具有高伸长率的特点和各向同性的调整，顶破强度较高。

5. 织物的撕破

织物受到集中负荷作用而使织物撕开的现象。

6. 织物耐磨性质

耐磨性是指服装在穿着过程中，与外界物体或织物之间相互摩擦而不产生明显损伤的一种性能。耐磨性包括平磨、折边磨与曲磨三种。

影响织物耐磨性的主要因素如下。

① 纤维性状　几何特征（长度、线密度、截面形态等）、力学性质。

② 纱线性状　捻度、纱线的结构、混纺纱中纤维径向分布。

③ 织物结构　织物厚度、组织、未充满系数、经纬纱线密度、平方米质量、结构相等。

④ 后整理　烧毛、剪毛、刷毛、热定型、树脂整理等。

7. 织物的耐光性

纤维及纤维制品在阳光下照射后会变黄发脆、强度下降，所以纤维制品对野外工作服装特别重要。由于服装洗涤后一般习惯在阳光下晾晒干燥，因此，纤维的耐光性也很重要。

日光对纤维的影响大致有以下三种情况。

① 对强度影响不大的：涤纶、腈纶、醋纤、维纶等。

② 强度明显下降的：黏纤、铜铵纤维、丙纶、氨纶。

③ 强度下降且色泽变黄的：锦纶、棉、羊毛、蚕丝。

第二节　织物的加工性能

一、织物缝纫强度与可缝性

可缝性是织物缝纫加工性优劣的一个综合评定指标。它包括布料的缝平程度、缝纫的缝迹好坏及断裂程度。

布料的缝缩性是指织物用机器缝纫时在针脚旁边所产生的波纹程度。它在很大程度上取决于布料的特点，影响服装的外观及服用性。一般用缝纫率和视觉评级进行评定。

影响面料缝缩性的主要因素：第一，面料的厚度，面料越薄，缝缩现象越严重。第二，缝纫工艺条件包括缝纫线和缝纫过程中对面料施加张力等因素，如缝纫线张力过紧，送布速率与面料表面摩擦性能配合不当等，会导致缝缩。第三，面料的力学性质，如面料表面摩擦系数小、面料表面过于光滑，导致上下层面料之间摩擦力不够，上层面料送布速率低于下层面料，从而引起上层面料皱缩。

二、织物熨烫性

服装材料在缝制过程中要进行多次、多部位处的熨烫，以期达到成品外观平挺、有型、合身的目的。因此，织物的熨烫性便成为加工性能的一个重要方面。织物的熨烫性包括热收缩、外观变化及折缝效果。

1. 热收缩

服装材料的热收缩是评定织物受热压烫后的形态破坏情况的指标。它可提供织物收缩后尺寸变化数据，为符合规定尺寸的缝纫裁剪需放多少余量做好准备和提供保证。一般测定织物湿热压烫收缩率和汽蒸收缩率两项指标。

2.外观变化

外观变化主要评价经熨斗压烫后织物出现的极光（因织物结构被压扁的光泽增大现象）、缝头平整程度（缝头外表面压烫后的平整现象）和弯曲硬度变化（由熨烫处理引起的弯曲性能和以硬度为主的风格变化）。这些变化将直接影响服装的外观穿着效果和使用价值，应给予重视。服装材料熨烫后的外观变化容易出现于针织物，以原料论，则易出现于丙纶等对热敏感的纤维织物。评价方法是用目光观察缝头反面的光泽变化和缝头平整状况，通过测定弯曲硬度和弯曲回复率得到弯曲硬度变化率。

3.折缝效果

折缝效果是指织物在缝制工程中的压烫或缝制后的压烫整理的折缝效果。它一方面取决于布料在缝制中的操作技能，另一方面取决于纤维原料。纤维原料不同，折缝效果的保持性能也不同。一般，天然纤维易熨烫，但折缝效果保持性差；而化纤难熨烫，但折缝效果保持性好。对其进行评价的方法是将织物按规定条件给以折缝后再用目光进行评定。

不同纤维成分面料熨烫要点如下。

① 棉麻织品　棉麻织品能耐高温熨烫，所以可把蒸汽量开大。棉麻织品一般先熨烫内里，正面熨烫应垫干净白布。带颜色的棉麻衣物要先熨里面，温度不能过高，以免熨烫后反光发亮或造成泛色现象，使衣物脆损。麻织品和棉麻混纺织品需熨烫时，熨斗温度要低，要先熨衣里，并要垫布熨烫，防止起毛，损伤衣物。

② 丝毛织品　丝毛面料服装由于洗涤后抗皱性能较差，常常发生抽缩现象，不经熨烫会影响美观，所以洗涤后的丝毛服装必须经过适当的熨烫。

丝绸服装要低温熨烫，熨烫温度一般掌控在 20 ～ 110℃。温度过高容易使衣物泛色、收缩、软化、变形，严重时还会损坏衣物。另外，丝绸织物易起水渍现象，在熨烫时不能湿熨，只能干烫。毛类服装熨烫温度可稍高于丝绸。部分毛织物熨烫不当易出现极光现象，应加盖烫布熨烫。

③ 化纤织品　化纤衣物由于吸湿程度差、耐热程度不同，因此，掌握熨烫的温度是关键。锦纶织品耐磨且弹性好，但熨烫温度不宜高，应该用干布作垫再熨烫。涤纶织品既耐磨又不起皱，所以洗后晾干即可，不用熨烫。由于化纤的服装品种很多，温度很难把握，初次熨烫前可先在衣物里面不明显部位试熨一下，以免熨坏。

表5-4是不同纤维成分面料熨烫温度。

表5-4　各种纤维熨烫温度

纤维名称	直接熨烫温度/℃	垫干布熨烫温度/℃	垫湿布熨烫温度/℃	纤维分解温度/℃
棉	175 ～ 195	195 ～ 220	220 ～ 240	150 ～ 180
麻	185 ～ 205	200 ～ 220	220 ～ 250	150 ～ 180
桑蚕丝	165 ～ 185	190 ～ 200	200 ～ 230	130 ～ 150
羊毛	160 ～ 180	185 ～ 200	200 ～ 250	130 ～ 150
柞蚕丝	160 ～ 180	190 ～ 200	200 ～ 220	130 ～ 150
黏胶纤维	160 ～ 180	190 ～ 200	200 ～ 220	150 ～ 180

纤维名称	直接熨烫温度/℃	垫干布熨烫温度/℃	垫湿布熨烫温度/℃	纤维分解温度/℃
涤纶	125～145	160～170	190～220	
维纶	125～145	160～170	180～210	
腈纶	115～135	150～160	180～210	
丙纶	85～105	140～150	160～190	
氯纶	45～65	80～90	—	

三、织物洗涤性能

天然纤维中的棉麻织物可以强力水洗。但注意，结构疏松的棉麻制品在强外力作用下，织物中的纱线易发生扭绞现象，导致织物干燥后走形，因此应轻柔水洗。棉麻类织物可采用中性或弱碱性洗液洗涤。

丝毛织物部分不可水洗，如长毛绒大衣呢类。其余可水洗织物洗涤时要求冷水轻柔洗涤，中性或弱酸性洗液洗涤，不可强力扭搅，不可强力甩干，如需甩干则需置于衣物甩干袋中。晾晒时，不可阳光直接曝晒。毛织物一般要求摊平阴干，丝织物悬挂阴干。

黏胶纤维湿强度低，耐磨性很差，所以黏纤不耐水洗。

易洗快干、免熨烫是涤纶织物的最大优势之一，染色牢度高，水洗不褪色，适合各类洗液。应注意：涤纶具有亲油性，污垢中的油脂易与纤维分子结合，渗透到纤维内部，因此，油脂类污渍必须采用高温皂洗。

锦纶织物洗涤使用一般肥皂和洗衣粉均可，低温冷水洗涤。这类织品的污垢容易洗除，一般轻搓即可，厚型织品也可用刷子轻刷，但用力过大容易使织物表面起毛球。洗净轻轻拧干后拉挺，使其平整，晾在通风处阴干，不要在日光下曝晒。

腈纶织物易洗易干，适宜用中性洗涤剂洗。先在温水中浸泡15min，然后用低碱洗涤剂洗涤，要轻揉、轻搓。厚织物用软毛刷洗刷，不可扭拧，以白毛巾包好，迅速脱水后铺平干燥。

洗涤维纶织物先用室温水浸泡一下，然后在室温下进行洗涤。洗涤剂为一般洗衣粉即可。切忌用热开水，以免使维纶膨胀变硬，甚至变形。洗后晾干，避免日晒。

丙纶织物洗涤要求水温低。不能干洗，干洗剂会导致织物发硬。污垢容易洗除，可用一般肥皂或洗衣粉，放在冷水或较低温度的水中漂洗。洗净后轻轻挤干或带水挂起，晾在通风处阴干，切勿在煤炉旁烘烤或在烈日下曝晒。

弹性纤维织物可手洗，不可用热水，否则会缩水。避免用脱水机，以免破坏弹性。

第六章

服装辅料

服装辅料是随着服装的演变而形成和发展的。与面料一样，辅料的装饰性、加工性、舒适性、保健性、耐用性、保管性、功能性及经济性都直接影响着服装的性能和销售。所以，服装辅料是服装的重要材料，了解服装辅料的有关知识，正确地掌握和选用辅料，并在外观、性能、质量和价格等方面与服装面料相配伍，这是服装设计和生产中不可忽视的问题。一件服装如果没有服装辅料和衬料来辅助造型与加工，也很难达到预期的设计效果，甚至无法满足基本服用要求。因此，服装辅料的功能不可忽视。服装辅料根据功能划分为6大类：里料、衬料、填料、线带类材料、紧扣类材料及其他类。

第一节　服装里料

服装里料是指服装最里层的材料，用来覆盖服装里面的材料，主要应用天然纤维、化学纤维或者混纺、交织的织物，它在服装中起着十分重要的作用，有时也受流行趋势的影响。一般中高档服装或外衣型服装都应用里料，内衣型服装不用里料。应用里料的服装大多可以提高服装的档次和增加附加价值。

一、里料的种类

服装里料种类较多，分类方法也不同，这里主要介绍以下两种分类方法。

1.按里料的加工工艺分

（1）活里　由某种紧固件连接在服装上，便于拆脱洗涤，但加工制作比较麻烦。对某些不易洗的面料，如缎类、锦类、羽绒服、裘皮服装等，最好采用活里。

（2）死里　固定缝制在服装上，不能拆洗。加工工艺简单，制作方便，洗涤时与面料一起洗，但会影响面料的使用寿命及服装的造型。

（3）半里　半里是给经常摩擦的部位配上里子，比较经济，适于夏季服装或中低档面料的服装。

（4）全里　服装内层都安有里子，加工成本较高，通常用于高档服装。

2.按里料的使用原料分

（1）棉布类　棉布里料具有较好的吸湿性、透气性和保暖性，穿着舒适，不易产生静电，有各种颜色和重量，可以手洗、机洗和干洗，且价格适中。不足之处是弹性较差，不够光滑。多用于婴幼儿服装、童装、夹克衫等休闲类服装。常用棉布里料有市布、粗布、绒布、条格布等。

（2）真丝类　真丝里料具有很好的吸湿性、透气性，质感轻盈，美观光滑，不易产生静电，穿着舒适。不足之处是强度偏低、质地不够坚牢、经纬纱易脱落，且加工缝制较困难。多用于可贴身穿着的服装，如连衣裙、衬衫等高档服装。常用的真丝里料有塔夫绸、花软缎、电力纺等。

（3）化纤类　化纤里料一般强度较高，结实耐磨，抗褶性能较好，具有较好的尺寸稳定性、耐霉蛀等性能。不足之处是易产生静电，服用舒适性较差。由于其价廉而广泛应用于各式中低档服装。常用化纤里料有美丽绸、涤纶塔夫绸、醋酯纤维面料等。

黏纤与醋酯纤维里料，价格便宜，是中低档服装里料。长丝织物如黏胶丝软缎、美丽绸、醋纤绸等，光滑而富丽，易于热定型，是中高档服装普遍采用的里料。但由于其湿强度低，缩水率大，不宜用于经常水洗的服装，而且需要充分考虑里料的预缩及裁剪余量。

（4）混纺交织类　这类里料的性能综合了天然纤维里料与化纤里料的特点，服用性能都有所提高，适合于中档及高档服装。常用里料有羽纱、棉涤混纺里布等。

（5）毛皮及毛织品类　这类里料最大的特点是保暖性极好，穿着舒适。多应用于冬季皮革服装。常用里料有各种毛皮及毛织物等。

二、里料的作用

1.保护面料

有里料的服装可以防止汗渍浸入面料，减少人体或内衣与面料的直接摩擦。尤其是呢绒和毛皮服装的里料能防止面料（反面）因摩擦而起毛，延长面料的使用寿命。对易伸长的面料来说，里料可以限制服装的伸长，并减少服装的褶裥和起皱。

2.装饰遮盖

服装的里料可以遮盖不需要外露的缝头、毛边、衬布等，使服装整体更加美观，并获得较好的保形性。薄透的面料需要里料起遮盖作用。

3.衬托

里料的作用是具有挺括感和整体感，特别是面料较轻薄柔软的服装可以通过里料来达到坚实、平整的效果，即增加立体效果。因此里料具有一定的衬托作用。且里料对于带有絮料服装具有一定的衬托作用。

4.美观和穿脱方便

大多数里料柔软，穿着舒适。光滑的衣里在穿脱服装时可以起到顺滑作用，使服装易于穿脱，特别是对于面料较为粗涩的服装。并且带光滑里料的服装在人体活动时也不会因摩擦而随之扭动，可保持服装挺括的自然状态。

5.增加保暖性

带里料的服装可增加服装厚度，尤其是用毛皮作里料的服装在秋冬季节保暖性大大提高。另外，皮衣的夹里能够使毛皮不被沾污，保持毛皮的整洁。

三、选配服装里料的基本原则

里料的选择必须与面料相匹配，还要受到服装款式的限制，具体应考虑以下几个方面内容。

1.厚薄、质地、色彩相配

呢绒、毛皮等较厚重的面料应配以相对较厚的里料，如美丽绸、羽纱等；而丝绸等相对较薄的面料应配薄型里料，如细布、电力纺、尼龙绸等。质地柔软的面料选用柔软的里料，如选用硬挺的里料将影响面料的悬垂效果。里料的颜色一般与面料相协调，尽量采用同色或近色，特殊情况可以采用对比色或同类色，如装饰性里料。一般女装里料颜色比面料颜色浅，浅色面料应配不透色的浅色里料。特别是碎花面料，选择浅色里料更能突出面料花型。

2. 性能相配

服装里料必须具备良好的物理性能，并与服装面料的性能相配伍。这里主要指里料的缩水率、耐热性能、耐洗涤性能、相对密度及厚度都应符合面料的配伍要求，从而满足服装外观造型的需求。如秋冬季厚重保暖服装选配里料时应考虑里料的防风保暖性能，里料一般选择密度大、较为厚重的材质。

3. 经济实用性

选配里料时应考虑经济性，里料的使用性与经济价值应与面料相当。在满足穿着要求的基础上，里料的价格不应超过面料的价格，两者属于同一档次。里料的坚牢度应与面料相差不多。过于结实的里料与不耐磨、易破损的面料相配，意义不大。

4. 裁剪方法的统一性

里料在裁剪时裁法（直裁、横裁或斜裁）要与面料裁片保持一致，以确保达到服装的最终设计造型要求。

5. 实用性

里料应光滑、耐用、防起毛起球，使服装易于穿脱，能很好地保护服装，并满足人体生理卫生的需要，具备吸湿、透气、防风、保暖等作用。里料的色牢度要好，防止出汗、遇水导致落色而沾染面料或内衣。里料的主要测试指标为缩水率与色牢度。对于含绒类填充材料的服装产品，其里料应选用细密或有涂层的面料，以防脱绒。

第二节 服装衬料

服装衬料是附在面料和服装里料之间的材料。它是服装的骨骼，起着衬垫和支撑的作用，保证服装的造型美，而且适应体型、身材，可增加服装的合体性。它还可以掩盖体型的缺陷（如胸低、肩斜等），对人体起到修饰作用。服装衬料多用于服装的前身、肩、胸、领、袖口、袋口、腰等部位。服装衬料可以提升服装的穿着舒适性，提高服装的服用性能、延长使用寿命，并能改善加工性能。

一、衬料的种类

衬料分类大体上包括衬布和衬垫两种。

（一）衬布

衬布主要用于服装衣领、袖口、衣边及西装胸部等部位，鲜有一些是用于布袋、皮包等地方。衬布一般情况下都含有热熔胶涂层，俗称为黏合衬。根据底布的不同将黏合衬分为有纺衬与无纺衬。有纺衬底布是梭织或针织布，而无纺衬底布则由化学纤维压制而成。衬布的主要种类如下。

① 棉布衬 棉布衬有粗布类和细布类之分。粗布类属于棉粗平布织物，其外表比较粗糙，有棉花杂质存在，布身较厚实，质量较差。一般用于做大身衬、肩盖衬、胸衬等。细布类属于棉细平布织物，其外表较为细洁、紧密。细布衬又分本白衬和漂白衬两种。本白衬一般用作领衬、袖口衬、牵带等。漂白衬则用作驳头衬和下脚衬。

② 麻衬　主要有麻布衬和平布上胶衬两种。麻布衬属于麻纤维平纹组织织物，弹性较好，可用作各类毛料服装及大衣的衬。平布上胶衬是棉与麻混纺的平纹织物，并且经过上胶。它挺括滑爽，弹性和柔韧性较好，柔软度适中，但缩水率较大，要预缩水后再使用。平布上胶衬主要用于制作中厚型服装，如中山装、西装等。

③ 动物毛衬　主要有马尾衬和黑炭衬两种。马尾衬是以羊毛为经、马尾为纬交织而成的平纹组织织物，其幅宽与马尾的长度大致相同。特点是布面疏松、弹力很强、不易摺皱、挺括度好，常用作高档西装的胸衬。经过热定型的胸衬能使服装胸部饱满美观。黑炭衬又称毛鬃衬或毛衬，是由托牛毛、羊毛、人发等混纺后再交织而成的平纹组织织物。它的色泽以黑灰色或杂色居多。特点为硬挺度较高、弹性好，多用于做高档服装的胸衬、驳头衬等。

④ 化学衬　是一种在织造或非织造的基布上附着一层热熔胶（黏合剂）的黏合型衬布。其种类很多，按织造的方法可分为有纺衬和无纺衬，这是最常用的两种。按所用黏合剂的不同分为平光黏合衬和粒子黏合衬。平光黏合衬一般用于较平滑、弹性一般的织物上，特别适合用于合纤织物。粒子黏合衬一般用于呢绒织物或易起毛的织物。黏合衬具有质轻、挺括、柔软和使用方便的特点。牵条衬用于服装的袖窿、止口、下摆、滚边等部位，起到拉紧和定型的作用。双面衬两面都可以黏合，一般用于衣服折边部位，代替扦边，缺点是不耐水洗，水洗后易脱落。

黏合衬的品质直接决定着服装成衣质量的优劣。所以，在选购黏合衬时，除了关注其外观，还要考察衬布参数性能是否适合成衣品质的要求。第一，需要检验衬布的热缩率，要尽量与面料热缩率相吻合；第二，黏合衬要有良好的可缝性和裁剪性；第三，要求其能在较低温度下与面料牢固地黏合；第四，要尽量避免高温压烫后面料正面渗胶现象的发生；第五，其产品要附着牢固持久，抗老化，抗洗涤。

（二）衬垫

衬垫包括上装用的肩垫、胸垫，以及下装用的臀垫等。质地厚实柔软，一般不涂胶。衬垫相比于衬布，用途没有后者那么多，原料组成要求也相对松懈一些。尽管如此，还是必须要重视衬垫与服装的配合，否则也会导致功半事倍的后果。

1.肩垫

肩垫是衬在上衣肩部的三角形衬垫物，作用是使服装肩部平整、加高加厚、后背方正、两肩圆顺饱满、服装整体平展对称，达到挺括、美观的目的。同时它也可以弥补体型缺陷，如高低肩等，起到修饰整体造型的作用。

肩垫按成型方式可以分为以下几种。

① 热塑型　利用模具成型和熔胶黏合技术可以制作出款式精美、表面光洁、手感适度的肩垫，广泛适用于各类服装，尤其适用于薄型面料的服装。

② 缝合型　利用拼缝机及高头车等设备可将不同原材料拼合成不同款式的肩垫。其产品造型及表面光洁度较差，多用于厚型面料服装。

③ 切割型　用切割设备将特定的原材料，如海绵等，进行切割可以制成肩垫。但由于海绵肩垫的固有缺陷，如易变形、易变色等，这类肩垫属于低级产品。

2.胸垫

胸垫是衬在上衣胸部的一种衬垫物，又称为胸绒。主要用于西服、大衣等服装的前胸部位，目的是使服装弹性好、挺括、丰满、造型美观、保型性好。胸垫一般有毛麻衬、马尾衬、黑炭衬及非织造布胸垫。

非织造布胸垫的优点是重量轻，裁后切口不脱散，保形性良好，洗涤后不收缩，保暖性好，透气性好，耐霉菌，手感好。且与机织物相比，它对方向性要求低，使用方便，价格低廉，经济实用。

3. 领底呢

领底呢又叫领垫，是用于服装领里的专有材料。主要应用于西服、大衣和制服等造型挺括的服装，可以使衣领平伏、里面贴合、造型美观。主要材料有羊毛黏、黏纤及锦纶长丝材料。领底呢选择时要求与面料颜色一致，防止服装衣领反吐领底呢外露。

二、服装衬料的选配

1. 衬料应与服装面料的性能相匹配

一件服装的诞生包括很多工序，所以在服装设计之初，设计者往往将要求精细到具体的某个部位，对衬料的具体要求也会专门列出一张清单。一般情况下，设计者都会从衬料的颜色、单位质量、厚度、悬垂等方面去考虑。例如，法兰绒等厚重面料应使用厚衬料，而丝织物等薄面料则用轻柔的丝绸衬，针织面料则使用有弹性的针织（经编）衬布；淡色面料的垫料色泽不宜深；涤纶面料不宜用棉类衬等。

2. 衬料应与服装不同部位的功能相吻合

服装在设计之初除了要考虑一些时尚元素外，更多的是考虑服装的舒适度，而衬料与服装的搭配适当与否直接关系着服装的畅销与否。一般情况下，硬挺的衬料多用于领部与腰部等部位。有一些别出心裁的设计者则会适当地在一些服装的缝口位置填充一些衬料，以此来突出服装的风格。特别是那些享誉全球的大设计师，此招层出不穷、屡试不爽。外套的胸衬则使用较厚的衬料，这时衬料的作用就充分体现出来。一些瘦小的人通常都会第一时间考虑购买那些胸部衬料够充实的外套来"增大"自已的胸围。而手感平挺的衬料一般用于裙裤的腰部以及服装的袖口，这样穿着舒适而且富有线条美，这类衬料比较受那些身材好的女士们欢迎。其他的诸如硬挺且富有弹性的衬料应该用于工整挺括的造型，这类衬料用于正装的比较多。

3. 衬料需要与服装的使用寿命相匹配

小部分不能决定大部分的命运，但往往小部分影响着大部分的命运格局。服装整体和衬料也是一样的道理。需水洗的服装则应选择耐水洗衬料，同时要考虑衬料的洗涤与熨烫尺寸的稳定性；垫肩的衬料材料使用则要考虑保形能力，目的是确保衬料在衣服寿命期间不变形。

4. 衬料应与制衣生产的设备接轨

不同的衬料要使用不同的生产设备，也就是要求有专业和配套的加工设备，这样有利于充分发挥衬料材料辅助造型的特性。所以，在选购衬料的制作材料时，事前要结合黏合及加工设备的工作参数，有针对性、选择性地选择，这样就能起到事半功倍的作用。

第三节　服装填料

服装填料也可叫作填充材料，是指服装面料与里料之间起填充作用的材料，如棉服里面的絮棉、羽绒服里面的羽绒等。

填料的分类有以下两种。

絮类填料：指呈松散絮状的纺织纤维、羽绒等材料，如棉花、丝绵、鸭绒等。这类材料需要封闭处理，防止穿着时吐绒、堆积等导致服装厚薄不匀。

片状填料：可以与面料同时裁剪制作，有一定形态和厚度的片状物。手感松软、均匀，有一定的保暖作用。有些可以洗涤，如腈纶棉、太空棉等。天然毛皮、人造毛皮等也属于这类填充材料。

一、填充材料的品种

随着纺织科技的不断进步与发展，新型填充材料也不断涌现，轻薄、保暖、保健、卫生等是填充材料的主要特点。目前市场上常见的填充材料品种主要有以下几种。

1.棉花

棉花是最常见的填充材料，因其轻柔保暖、价格低廉，是长期以来冬季棉服的主要填充材料，主要用于棉衣棉裤、棉被等。缺点是长时间使用后，棉絮板结，保暖性下降。

图6-1　丝绵

2.丝绵

用下脚茧和茧壳表面的浮丝为原料，经过精炼，溶去丝胶，扯松纤维而成。保暖性好，供作衣絮和被絮之用。图6-1为丝绵。

由于双宫茧在蚕茧中算作次品，一般只占总量的5%左右，这样的茧一般都挑出来作为绢丝纺的材料，也用作丝绵絮。

3.羽绒

羽绒是长在鹅、鸭的腹部，呈芦花朵状的叫绒毛，呈片状的叫羽毛。由于羽绒是一种动物性蛋白质纤维，比棉花（植物性纤维素）保温性高；且羽绒球状纤维上密布千万个三角形的细小气孔，能随气温变化而收缩膨胀，产生调温功能，可吸收人体散发流动的热气，隔绝外界冷空气的入侵。从保暖程度上看，法国的科研机构公布的研究结果认为目前世界上还没有任何保暖材料超过羽绒的保暖性能。因为羽绒是星朵状结构，每根绒丝在放大镜下均可以看出是呈鱼鳞状的，有数不清的微小孔隙，含蓄着大量的静止空气，又由于空气的传导系数最低，形成了羽绒良好的保暖性。加之羽绒又充满弹性，以含绒率为50%的羽绒测试，它的轻盈蓬松度相当于棉花的2.5倍、羊毛的2.2倍，所以羽绒被不但轻柔保暖，而且触肤感也很好。另外，天然羽绒还具有其他保暖材料所不具备的吸湿发散的良好性能。据测定，人在睡眠时身体不断向外发散汗气，一个成年人一夜散发出的汗水约100g，羽绒能不断吸收并排放人释放出的汗水，使身体没有潮湿和闷热感。

羽绒的种类如下。

① 鹅绒　绒朵大、羽梗小、品质佳、弹性足、保暖强。

② 鸭绒　绒朵、羽梗较鹅绒差，但品质、弹性和保暖性都很好。

③ 鹅、鸭混合绒　绒朵一般，弹性较差，但保暖性较好。

④ 飞丝　由毛片加工粉碎，弹力和保暖性差，有粉末，品质较次，洗后容易结块。

4.腈纶棉

腈纶棉蓬松性好，保暖性好，手感柔软，有良好的耐气候性和防霉、防蛀性能。腈纶人造毛皮、长毛绒等是良好的填充料，缺点是易起静电。

5. 涤纶棉

涤纶棉弹性好，蓬松度强，造型美观，不怕挤压，易洗，快干，实用。涤纶胶棉呈片状，便于裁剪加工，适合制作棉被、棉衣等。中空涤纶棉如七孔棉、九孔棉，弹性好，抗压扁。用先进的梳棉机、行缝机加工棉布制成的双人枕、单人枕、坐垫、空调被、保暖被等床上用品适合新婚夫妇、儿童、老人等选用。

6. 太空棉

如图6-2所示，太空棉也叫慢回弹海绵，是20世纪60年代由美国太空总署（NASA）的下属企业所研发的，是一种开放式的细胞结构，具有温感减压的特性，也可以称作是一种温感减压材料。把这种材质应用在航天飞机上是为了缓解宇航员所承受的压力。特别是航天飞机在返回和离开地面时，宇航员所承受的压力最大也最危险，为了保护宇航员的脊椎，发明了这种材料。太空棉由五层构成，基层是涤纶弹力绒絮片，金属膜表层是由非织造布、聚乙烯塑料薄膜、铝钛合金反射层和表层（保护层）四部分组成。

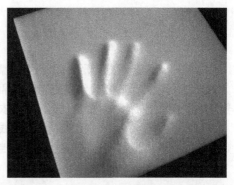

图6-2　太空棉

民用太空记忆棉材质是美国宇航局（NASA）下属的康人健康睡眠研究中心研发的第二代温感减压材质（Visco-Elastic）。所谓温感，是指对人体体温进行感应，减压就是吸收人体压力。当人体接触材质时，材质就会对人体温度进行感应，逐渐变得柔软起来，同时又吸收了人体压力，从而将人体调整到最舒适的姿势状态。在床垫和枕头上所表现出来的是，当人躺在床垫和枕头上时，仰卧时脊椎是S形的自然生理弯曲状态，侧卧时脊椎不侧弯。同时，床垫和枕头对人体没有压迫点。太空记忆棉枕头的特点如下。

① 吸收冲击力。头枕在上面时感觉好像浮在水面或云端，皮肤感觉没有压迫似的，又称零压力。我们使用平常的枕头时有时会有压迫耳廓的现象，但是使用记忆棉枕头就不会出现这种情况。

② 按照人体工学设计，记忆变形，其自动塑形的能力可以固定头颅，减少落枕的可能；也可以恰当填充肩膀空隙，避免肩膀处被窝漏风的常见问题，可以有效地预防颈椎问题。

③ 防菌抗螨。慢回弹海绵抑制霉菌生长，驱除霉菌繁殖生长产生的刺激气味，当有汗渍唾液等情况下，其效果显得更为突出。

④ 透气吸湿。由于每个细胞单位间是相互连通的，其吸湿性能绝佳，同时也是透气的。

二、服装填料的作用与选配

服装填料的作用：保暖防寒、外观造型、卫生保健、防护功能。
服装填料的选配：根据服装款式与性能选配、根据服装面料与里料选配。

第四节　线带类材料

线带类材料主要是指缝纫线以及各种线绳、线带材料。

一、缝纫线

缝纫线用于缝合各种服装材料,具有实用与装饰双重功能。缝线质量的好坏不仅影响缝纫效果及加工成本,也影响成品外观质量。因此,特将缝线形成的一般概念、捻度、捻度与强力的关系、分类、特点与主要用途、选用加以介绍,方便企业制定标准进行相关试验时,有针对性地确定缝线。

(一)分类

1.天然纤维缝纫线

(1)棉缝纫线　以棉纤维为原料经炼漂、上浆、打蜡等环节制成的缝纫线。棉缝纫线又可分为无光线(或软线)、丝光线和蜡光线。棉缝纫线强度较高,耐热性好,适于高速缝纫与耐久压烫。其主要用于棉织物、皮革及高温熨烫衣物的缝纫,缺点是弹性与耐磨性较差。

(2)蚕丝线　用天然蚕丝制成的长丝线或绢丝线。有极好的光泽,强度、弹性和耐磨性能均优于棉线。其适于缝制各类丝绸服装、高档呢绒服装、毛皮与皮革服装等。

2.合成纤维缝纫线

(1)涤纶短纤缝纫线　采用100%涤纶短纤作为原料制造,具有强度高、弹性好、耐磨、缩水率低、化学稳定性好的特点。表面有毛丝,耐温130℃,高温染色。涤纶原料是所有物料中最能抵受摩擦、干洗、石磨洗、漂白及其他洗涤剂的材料,具有柔韧、服帖、颜色全、色牢度好等特点。其低伸度及低伸缩率保障了极佳的可缝性,并能防止褶皱和跳针。主要用于牛仔、运动装、皮革制品、毛料及军服等工业缝制,是目前用得最多、最普及的缝纫线。涤纶缝纫线又叫

图6-3　402缝纫线

SP线、PP线,常用型号有20S/2、20S/3、20S/4、30S/2、30S/3、40S/2、40S/3、50S/2、50S/3、60S/2、60S/3。图6-3为402缝纫线。

(2)涤纶长纤高强线　又名特多龙、高强线、聚酯纤维缝纫线等。采用高强低伸的涤纶长丝(100%聚酯纤维)作原料,具有强力高、色泽艳、光滑、耐酸碱、耐磨、抗腐蚀、上油率高等特点,不过耐磨性差,比尼龙线硬,燃烧冒黑烟。

(3)锦纶缝纫线　用纯锦纶复丝制造,分长丝线、短纤维线和弹力变形线。它是由连续长丝锦纶捻合而成的,平顺、柔软,延伸率为20%~35%,有较好的弹性,耐磨度高,耐光性能良好,防霉,着色度为100度左右,低温染色。因其线缝强力高、耐用、缝口平伏、能切合,因此被广泛使用。

常用的是长丝线,它延伸度大、弹性好,其断裂瞬间的拉伸长度大于同规格的棉线三倍。用于化纤、呢绒、皮革及弹力服装的缝制。锦纶缝纫线最大的优势在于透明,由于此线透明。色性较好,因此降低了缝纫配线的困难,发展前景广阔。不过限于目前市场上透明线的刚度太大、强度太低、线迹易浮于织物表面,加之不耐高温、缝速不能过高,目前这类线主要用在贴花、扦边等不易受力的部位。

(4)维纶缝纫线　由维纶制成,强度高,线迹平稳,主要用于缝制厚实的帆布、家具布、劳保用品等。

（5）腈纶缝纫线　由腈纶制成，捻度较低，染色鲜艳，主要用作装饰和绣花。

3. 混合纤维缝纫线

（1）涤棉缝纫线　采用65%的涤纶、35%的棉混纺而成，兼有涤和棉的优点，强度高、耐磨、耐热、缩水率好，主要用于全棉、涤棉等各类服装的高速缝纫。

（2）包芯缝纫线　长丝为芯、外包天然纤维制成。其强度取决于芯线，耐磨与耐热性取决于外包纱，主要用于高速及牢固的服装缝纫。近年来，随着劳动生产效率的进一步提高和高速缝纫机的大量推广使用，包芯线的应用范围不断扩大。原因是高速缝纫时由于缝针和织物间的摩擦，在缝针上产生大量的热量；当要缝纫的织物层数增多（如衬衣领等），缝针的温度就会急剧升高，尤其缝纫速度在5000针/min以上时，缝针会超过300℃，而高强力的涤纶长丝熔点为255～260℃，所以涤纶长丝线易断。采用包芯线可以避免以上问题，因为包芯线中的涤纶长丝不与缝针针眼直接接触，而且表层纤维能够快速散热。高强涤纶及棉包芯缝纫线是用高强度的涤纶长丝外包棉型涤纶短纤维或优质长绒棉的方法制成。该产品既具有涤纶长丝缝纫线的高强度，又具有涤纶短纤缝纫线或面线的自然毛羽和手感，非常适合于高速缝纫，完全能够满足服装面料的风格及其他技术领域用线的要求，具有广阔的发展前景。

① 棉包涤缝纫线　采用高性能的涤纶长丝与棉经特殊棉纺工艺纺制而成，具有长丝般的条干，光滑，毛羽少，伸缩小，具有棉的特性。

② 涤包涤缝纫线　采用高性能的涤纶长丝与涤纶短纤经特殊棉纺工艺纺制而成，具有长丝般的条干，光滑，毛羽少，伸缩小，优于同规格的涤纶缝纫线。

③ 皮筋线　也是橡胶制品，但是比较细。常与棉纱、黏胶丝等交织成松紧带。主要用于塑身内衣、袜口、袖口等。

（二）缝纫线的选配

1. 与面料特性一致

缝纫线的收缩率、耐热性、耐磨性、耐用性等应与缝合面料的性质统一，避免缝纫线与面料差异过大而引起皱缩。一般薄型面料用细线，硬而厚的面料用粗线。

2. 与缝纫设备协调

平缝机选用S捻缝纫线，在缝合过程中，缝纫线可加捻保持线的强度。

3. 与线迹类型协调

包缝机选用细棉线，缝料不易变形和起皱，且使链式线迹美观，手感佳；双线线迹应选用延伸性好的缝线；裆缝、肩缝等反复拉伸部位应选用坚牢的缝线；锁扣眼应选用耐磨缝线；钉扣子应选用强度大的缝线。

4. 与服装类型协调

特种服装，如弹性服装应选用弹力缝线，消防服装应采用耐热坚牢和经过防水整理的缝线。

二、绳带类

绳带类材料品种比较多，主要有提花织带、提花绳、提花嵌条、民族花边各类松紧绳带、嵌条织带、装饰彩条带、针织包边带、裤带、安全带、麻绳、尼龙绳、色纱绳、花边带、扣带、水浪带等。图6-4为织带。

图6-4 织带

第五节 紧扣类材料

紧扣类材料在服装中主要起连接、组合和装饰的作用，它包括纽扣、钩、环、拉链与尼龙子母搭扣等种类。

钩是安装于服装经常开闭处的一种连接物，由左右两件组成。主要有领钩、裤钩及搭扣袋（又称尼龙搭扣或魔术贴）。

环是一种可调节松紧的金属制品，常用的有裤环、拉心环、腰夹等。

纽扣既具有开、合作用，又具有装饰作用。

一、纽扣

（一）纽扣的分类

1.按形状分

有圆形、方形、菱形、椭圆形、叶形等。

2.按花色分

有凸花、凹花、镶嵌、包边等。

3.按原料及加工工艺分

有胶木、皮革、贝壳、珠光、电镀、金属合成材料等。

合成材料纽扣是目前世界纽扣市场上数量最大、品种最多、最为流行的一种纽扣，是现代化学工业发展的产物。这类纽扣的特点是色泽鲜艳，造型丰富而美观，价廉物美，深受广大消费者的青睐，但耐高温性能较差，而且容易污染环境，这是美中不足之处。属于这类材料的纽扣有树脂纽扣（包括板材纽扣、棒材纽扣、磁白纽扣、云花仿贝纽扣、曼哈顿纽扣、牛角纽扣、工艺纽扣、刻字纽扣、平面珠光纽扣、玻璃珠光纽扣、裙带扣及扣环等）、ABS（丙烯腈-丁二烯-苯乙烯共聚物）注塑及电镀纽扣（包括镀金纽扣、镀银纽扣、仿金纽扣、镀黄铜纽扣、镀镍纽扣、镀铬纽扣、红铜色纽扣、仿古色纽扣等）、尿醛树脂纽扣、尼龙纽扣、仿皮纽扣、有机玻璃纽扣、透明注塑纽扣（包括透明聚苯乙烯纽扣、聚碳酸酯纽扣、丙烯酸树脂纽扣、K树脂纽扣）、不透明注塑纽扣、酪素纽扣等等。

4.按型号大小分类

按纽扣大小（即直径大小）分，即我们现在常说的14L、16L、18L、20L、60L等等，它的换标公式为：

$$直径=型号 \times 0.635（mm）$$

$$如12L=（12 \times 0.635）mm≈7.5mm。$$

如果我们手里有一粒纽扣，但不知它的型号大小，我们就可以用卡尺量出它的直径（mm）再除以0.635即可。

表6-1为为纽扣的号数L与直径的换算关系。

表6-1　纽扣的号数L与直径的换算关系

纽扣号数L	直径/mm	直径/英寸	纽扣号数L	直径/mm	直径/英寸
12L	7.5	5/16	28L	18.0	23/32
13L	8.0	5/16	30L	19.0	3/4
14L	9.0	11/32	32L	20.0	13/16
15L	9.5	3/8	34L	21.0	27/32
16L	10.0	13/32	36L	23.0	7/8
17L	10.5	7/16	40L	25.0	1
18L	11.5	15/32	44L	28.0	$1\frac{3}{32}$
20L	12.5	1/2	45L	30.0	$1\frac{3}{16}$
22L	14.0	9/16	54L	34.0	$1\frac{5}{16}$
24L	15.0	5/8	60L	38.0	$1\frac{1}{2}$
26L	16.0	21/32	64L	40.0	$1\frac{9}{16}$

（二）纽扣选择时要点

① 纽扣的颜色要与面料统一协调，或者与面料主要色彩呼应。轻柔的面料要用轻薄的纽扣，服装明显部位（领、袖、袋口）用扣的形状要统一，大小主次有序。

② 直径小、厚度薄的纽扣用来作为纽扣时需在背面垫扣，以保证钉扣坚牢与服装平整。为了严格控制扣眼的准确尺寸以及正确调整锁扣眼机，应准确地测量纽扣的最大尺寸。

二、拉链

拉链是依靠连续排列的链牙使物品并合或分离的连接件，现大量用于服装、包袋、帐篷等。在两条基布带上各有一排金属齿或塑料齿组成的扣件，由一滑动件可将两排齿拉入联锁位置，使开口封闭。

拉链是服装常用的带状开闭件，用于服装扣紧时。操作方便，简化了服装加工工艺。它有长短不同的规格，拉链的型号一般以号数（牙齿闭合时的宽度毫米数）来表示。号数越大，牙齿越粗，扣紧力越大。不同型号、不同材料的拉链，其性能也不同。

（一）拉链的结构

如图6-5所示，拉链由链牙、拉头、上下止（前码和后码）或锁紧件等组成。其中链牙是关键部分，它直接决定拉链的侧拉强度。一般拉链有两片链牙，每片链带上各自有一列链牙，两列链牙相互交错排列。拉头夹持两侧链牙，借助拉襻滑行，即可使两侧的链牙相互啮合或脱开。

拉链组件的详细内容如下。

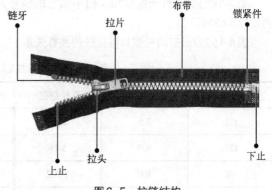

图6-5 拉链结构

① 布带 由棉纱、化纤或混合化纤织成的柔性带，用于承载链牙及其他拉链组件。

② 带筋 布带边缘用来承载金属或塑料链牙的加强部分。

③ 筋绳 指带筋中间由多股纤维组成的绳状物。

④ 链牙 指金属、塑料等材料通过加工后呈一定形状的齿牙。

⑤ 中芯线 由多股纤维线加工而成，用于尼龙拉链牙链生产的绳状物。

⑥ 牙链 指连续排列的牙。

⑦ 牙链带 牙链固定在布带上称牙链带。

⑧ 链带 由两边牙链带啮合而成链带。

⑨ 上止 固定于牙链带上，防止牙链合时拉头滑出牙链带的止动件。

⑩ 下止 固定于牙链带上，防止牙链拉开时拉头滑出牙链带，并使得两边牙链带不可完全分开的止动件。

⑪ 前、后带头 拉链上没有链牙部分的布带称带头，上止端为前带头，下止端为后带头；

⑫ 插管（也称插销） 固定在开尾拉链尾端，用于完全分开链带的管形件。

⑬ 插座 固定在开尾拉链尾端，用于完全分开链带的方块件。

⑭ 双开尾档件 一种与插管配合，用于双开尾拉链上的管形档件。

⑮ 加强胶带 用于增强插管、插座与布带结合强度，提高拉链使用寿命的复合型薄片。

⑯ 拉头 使链牙啮合和拉开的运动部件。

⑰ 拉片 拉头的一个组件，它可设计成各种几何形状与拉头体连接或通过中间件与拉头体连接，实现拉链开合（可以直接挂和间接挂）。

⑱ 中间连接件 连接拉头体与拉片的中间元件。

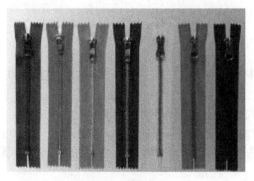

图6-6　常见拉链

（二）拉链的分类

1.按材料分

（1）尼龙拉链　隐形拉链、穿心拉链、背胶防水拉链、不穿心拉链、双骨拉链、编织拉链等，如图6-6所示。

（2）树脂拉链　金（银）牙拉链、透明拉链、半透明拉链、蓄能发光拉链、激光拉链、钻石拉链。

（3）金属拉链　铝牙拉链、铜牙拉链（黄铜、白铜、古铜、红铜等）、黑镍拉链。

2.按品种分

① 闭尾拉链。

② 开尾拉链（左右插）、双开尾X型。

③ 双闭尾拉链（X型或O型）。

④ 双开尾拉链（左右插）。

⑤ 双开尾拉链（X型或O型）。

⑥ 单边开尾（左右插，限尼龙与树脂，常见为联帽款）。

3.按功能分

① 自锁拉链。

② 无锁拉链。

③ 半自动锁拉链。

4.按金属拉链牙型分

（1）单点牙　普通牙、Y牙、方牙。

（2）双点牙　玉米牙、欧牙。

（三）拉链选择要点

（1）色彩与面料配伍　给服装选配拉链时，拉链布带的色彩与面料的颜色相同或相近。

（2）拉链布带的色牢度　对于生产商来说，拉链色牢度是否达到标准级数以及拉链和服饰之间是否会发生颜色互移会直接影响到最终产品质量。

三、尼龙子母搭扣

尼龙子母搭扣使用含有硬面与软面的尼龙带实现闭合与开启，方便灵活，如图6-7所示。

图6-7　子母扣

四、选择紧扣材料的原则

① 应考虑服装的种类。如婴幼儿及童装紧扣材料宜简单、安全，一般采用尼龙拉链或搭扣。而男装注重厚重和宽大，女装注重装饰性。

② 应考虑服装的设计和款式。紧扣材料应讲究流行性，达到装饰与功能的统一。

③ 应考虑服装的用途和功能。如风雨衣、游泳装的紧扣材料要能防水，并且耐用，宜选用塑胶制品；女内衣的紧扣件要小而薄，重量轻且要牢固；裤子门襟和裙装后背的拉链一定要自锁。

④ 应考虑服装的保养方式。如常洗服装少用或不用金属材料。

⑤ 应考虑服装材料。如粗重、起毛的面料应用大号的紧扣材料，松结构的面料不宜用钩、襻和环。

⑥ 应考虑安放的位置和服装的开启形式。如服装紧扣处无搭门则不宜用纽扣。

第六节　其他服装辅料

一、装饰材料

服装的装饰材料包括花边、绦、流苏以及缀饰材料等。它们对服装起到装饰和点缀的作用，以增加服装的美感和附加价值。

1.花边

花边是刺绣的一种，亦称抽纱。它是一种以棉线、麻线、丝线或各种织物为原料，经过绣制或编织而成的装饰性镂空制品。花边有各种花纹图案，作为装饰用的带状织物，用于各种服装、窗帘、台布、床罩、灯罩、床品等的嵌条或镶边。

花边分为机织、针织、编织、刺绣等四类。

（1）机织花边　机织花边是指由织机的提花机构控制经线与纬线相互垂直交织的花边。通常以棉线、蚕丝、锦纶丝、人造丝、金银线、涤纶丝、腈纶丝为原料，采用平纹、斜纹、缎纹和小提花等组织在有梭或无梭织机上用色织工艺制织而成。常见品种有纯棉花边、丝纱交织花边、锦纶花边、棉锦交织花边、棉腈交织花边等。机织花边具有质地紧密、色彩绚丽、富有艺术感和立体感等特点，适用于各种服装与其他织物制品的边沿装饰。图6-8为机织花边。

（2）针织花边　组织稀松，有明显的孔眼，外观轻盈、优雅。最早的针织花边是纯手工制作。世界著名的手工编织花边是法国的阿朗松花边。阿朗松花边以麻线或埃及细棉线为原料，一针一线织出各式美丽图案，是一门极其精细的手艺。图6-9为阿朗松花边。

（3）编织花边　在经编机上织造而成。因其生产效率高，花色品种齐全，成为近年服装市场上的畅销面料，广泛用于女装、文胸、童装、家居装饰品等方面，如图6-10所示。

（4）刺绣花边　其中的水溶花边是刺绣花边中的一大类。它以水溶性非织造布为底布，用黏胶长丝作绣花线，通过电脑平极刺绣机绣在底布上，再经热水处理使水溶性非织造底布熔化，留下有立体感的花边。水溶花边广泛用于窗帘、服装、文胸等方面，如图6-11所示。

图6-8　机织花边　　　　　　　　图6-9　阿朗松花边

图6-10　经编针织花边　　　　　　图6-11　水溶花边

2.绦、流苏

绦，也称为丝绦，是丝编的带子或绳子。通常搭配袍服、和服等衣物。现代丝绦多用于汉服、和服等服装的系带。如图6-12所示，和服腰部系的带子就是丝绦。图6-13为丝绦细节。

图6-12　丝涤材料的腰部系带

流苏是一种下垂的以五彩羽毛或丝线等制成的穗子，常用于舞台服装的裙边、下摆等处。唐代妇女流行的头饰步摇是其中的一种。还有冕旒、帝王头上的流苏，以珍珠串成，按等级划分，数量有所不同。

现在，这两种辅料都是服饰装饰材料，主要用于窗帘、舞台表演服装底摆的装饰，各类古玩手把件的装饰绳等，图6-14为各式流苏。

图6-13　丝绦

图6-14　流苏

3.缀饰材料

主要有珍珠、水钻、玻璃珠、宝石珠。它在纺织品上组成图案，以缝、缀、钉、绣及黏合等工艺方法，使服装珠光灿烂、绚丽多彩、层次清晰、立体感强的装饰材料。

水钻是一种俗称，它是将人造水晶玻璃切割成钻石刻面得到的一种饰品辅件。这种材质较经济，同时视觉效果上又有钻石般的夺目感觉，如图6-15所示。

图6-15　水钻

二、松紧带

又叫弹力线、橡筋线。细的可作为服装辅料底线，特别适合于内衣、裤子、婴儿服装、毛衣、运动服、韵服、婚纱礼服、T恤、帽子、围胸、口罩等服装产品，还可以做吊牌线、日用品、工艺品、饰品、玩具等，用途非常广泛。

松紧带按织制方法可分为机织松紧带、针织松紧带、编织松紧带。

机织松紧带由棉、涤纶、高弹纱为经、纬纱，与一组橡胶丝（乳胶丝或氨纶丝）按一定规律交织而成。

针织松紧带采用经编衬纬方法织成。经线在勾针或舌针的作用下套结成编链，纬线衬于各编链之中，把分散的各根编链连接成带，橡胶丝由编链包覆或由两组纬线夹持。针织松紧带能织出各种小型花纹、彩条和月牙边，质地疏松柔软。原料多数采用尼龙弹力丝。产品大多用于妇女胸罩和内裤。

编织松紧带又称锭织松紧带。经线通过锭子围绕橡胶丝按"8"字形轨道编织而成。带身纹路呈人字形，带宽一般为0.3～2cm，质地介于机织和针织松紧带之间，花色品种比较单调，多用于服装。

常见松紧带主要有以下几种。

① 运动松紧带是由纱线经络筒、卷纬形成纬线管后，插在编织机的固定齿座上，纬纱管沿"8"字形轨道回转移动，牵引纱线相互穿插编织。

② 医疗用品松紧带的pH值在弱酸性和中性之间，不会引起皮肤瘙痒，不会破坏皮肤的弱酸性环境。

③ 尼龙松紧带在干、湿情况下弹性和耐磨性都较好，尺寸牢固，缩水率小，是很好的服饰辅助材料。

④ 宽幅松紧带是牵引纱线彼此交叉编织、而且锭数为奇数所织成的扁片状松紧带。彩条刚性带可单面提花或双面提花。松紧带织带手感极佳，色泽娇艳，不磨伤衣料。

⑤ 提花子母带以独特的格局、无穷的变革元素正在冲破传统织带只是装饰的功能限制，在服饰搭配风格跟功效上与品牌灵魂无缝连接、融为一体。提花松紧带是一种利用电脑提花机生产的提花带，花纹独特，还可以提上公司logo（商标）来提高公司的品牌价值。

⑥ 印花松紧带是在松紧带上印上不同的花纹和图案，配合不同的底带，产生不同的成果，变化万千。

⑦ 彩条松紧带编织方法与针织松紧带相同。防滑松紧带一般是在松紧带上面滴硅胶以达到防滑作用，特点是强度高、耐冲击性强、不易断裂、耐热性好、耐磨性好。

⑧ 涤纶松紧带是针织（纬编、经编）或机织加工的理想原料，适合制造服装面料、床上用品及装潢用品等。

⑨ 夹绳松紧带采取经纬梭织，依靠成圈过程中成圈纱的圆柱与沉降弧，将不交织的经纱与纬纱联结成一个整体，而成为衬经衬纬的夹绳。

⑩ 纽孔松紧带又名扣眼松紧带或调节松紧带。主要原料为乳胶丝、低弹丝，个别用于孕妇装、儿童衣饰等，可调节尺寸。

三、罗纹带

罗纹带亦称罗口，是一种罗纹组织的针织物。材料有棉、羊毛、化纤等。其主要用于服装的领口、袖口、裤口等处。

罗纹有很多种，由针距可以分出3针、5针、7针、9针、12针、14针、16针。针数越密，织出来的罗纹就越细（16针的做T恤领的比较多）。在这个基础上再分为1×1、2×1、4×3等多种排列针法。根据纱线材料的不同又有不同的应用领域。纱线的材质有涤纶、低弹丝、腈纶、锦纶、全棉、丝光棉、三七毛、五五毛等，再根据不同的纱支，又出来不同的效果。羽绒服以腈纶、丝光棉居多；运动服以锦纶为主；目前国内做水洗皮衣用涤纶的比较多。

四、标识

标识是指服装的商标、规格标、洗涤标、吊牌等。服装标识的种类很多，从材料上分，有胶纸、塑料、棉布、绸缎、皮革和金属等等。标识的印制方法更是千姿百态，有提花、印花及植绒等。其中洗涤标识又叫洗水唛或洗唛。洗水唛的内容包括标注衣服的面料成分和正确的洗涤方法，比如干洗/机洗/手洗、是否可以漂白、晾干方法、熨烫温度要求等，用来指导用户的。当然有些洗水唛还会印刷服装箱包制造商的品牌标志、联系方式等。

本章从不同服装种类角度，分析服装面料应用，提供面料选择与应用的原理与依据。本章内容只是就常规情况进行分析，不适用于服装设计中的创新与创意。但创新与创意都是在熟练掌握服装材料基础知识后，对面料的灵活运用和创新。

服装指穿着于人体的纺织制品。广义的服装包括鞋、帽、服饰配件，是人们必需的生活用品。服装的制作和消费涉及技术、艺术、文化、卫生、美学、心理学和市场学等众多学科。其制作过程包括设计、选择材料和加工成型三部分。

第一节　服装材料的特征

不同材质面料的造型特点以及在服装设计中的运用如下。

（一）柔软型面料

柔软型面料一般较为轻薄、悬垂感好，造型线条光滑，服装轮廓自然舒展。柔软型面料主要包括织物结构疏散的针织面料和丝绸面料，以及软薄的麻纱面料等。柔软的针织面料在服装设计中常采用直线型简练造型来体现人体优美曲线；丝绸、麻纱等面料则多见于松散型和有褶裥效果的造型，用来表现面料线条的流动感。图7-1为柔软型面料设计的服装效果。

（二）挺爽型面料

挺爽型面料线条清晰、有体量感，能形成丰满的服装轮廓。常见有棉布、涤棉布、灯芯绒、亚麻布和各种中厚型的毛料、化纤织物等。该类面料可用于突出服装造型精确性的设计中，例如西服、套装的设计。图7-2为挺爽型面料所设计的服装效果。

图7-1　柔软型面料服装

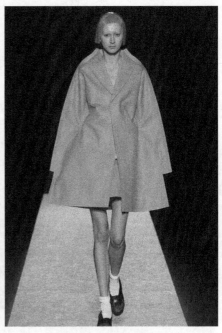

图7-2　挺爽型面料服装

（三）光泽型面料

光泽型面料表面光滑并能反射出亮光，有熠熠生辉之感。这类面料包括缎纹结构的织物。最常用于晚礼服或舞台表演服中，产生一种华丽耀眼的强烈视觉效果。光泽型面料礼服在表演中的造型自由度很广，可有简洁的设计或较为夸张的造型方式。图7-3为光泽型面料所设计的服装效果。

（四）厚重型面料

厚重型面料厚实挺括，能产生稳定的造型效果。这类面料包括各类厚型呢绒和衍缝织物。其面料具有形体扩张感，不宜过多采用褶裥和堆积，设计中以A型和H型造型最为恰当。图7-4为厚重型面料所设计的服装效果。

（五）透明型面料

透明型面料质地轻薄而通透，具有优雅而神秘的艺术效果。这类面料包括棉、丝、化纤织物等，例如乔其纱、缎条绢、化纤的蕾丝等。

图7-3　光泽型面料服装

为了表现面料的透明度，常用线条自然丰满、富于变化的H型和圆台型设计造型。透明型面料所设计的服装效果如图7-5所示。

图7-4　厚重型面料服装

图7-5　透明型面料服装

第二节　常见服装品种与材料选用

服装的品种很多，对材料的要求也不同。因此在设计服装时，要根据服装穿着对象、年龄、职业、场合、季节来选择材料，以达到穿着方便、舒适、得体、美观的目的。服装的服用功能主要包括以下几点。

①装饰性　主要指款式、面料、花型、颜色、缝制加工五个方面形成的服装的美感。

②遮羞性　表现不尽相同，有的大面积暴露，有的遮掩严实。它与人类的审美观念、道德伦理、社会风俗等密切相关。

③保护性　主要指对人体皮肤的保洁、防污染，防护身体免遭机械外伤和有害化学药物、热辐射烧伤等的护体功能。

④调节性　指通过服装来保持人体热湿恒定的特性。服装的温度调节性是由服装材料的保温性、导热性、抗热辐射性、透气性、含气性决定的。

⑤舒适性　主要指日常穿着的便服、工作服、运动服、礼服等对人体活动的舒适程度。实际上，服装的舒适性常常表现为服装的质量和适应体型变化的伸缩性。

⑥标志性　指通过服装的颜色、材料、款式以及装饰来表明穿着者的身份、地位或所从事的职业。如军队、法院、工商、税务、医务、铁路、邮政、航空、饮食、银行等行业人员用标识明显的职业服。不同的服装功能对服装材料的要求不同，在讨论服装面料的选择与应用时，根据服装使用功能大致划分为正装类、日常装类、运动类、礼服类、童装类及内衣类六大部分。本章介绍各类的服装选择面料的要点。

一、正装类

正装是指正式场合穿着的服装，具有明显的身份标识及识别作用，体现庄重与典雅。一是指有些单位按照特定需要统一制作的服装，如公安、交警的制服等；二是指人们在正式场合穿着的服装，如参加聚会、出席重要庆典等场合穿着的服装；三是指人们在工作场合穿着的服装。

（一）男式正装

男式正装主要包括西装、套装、中山装、衬衫、领带及配饰等。

1.西装

一般指西式服装中的套装（suit），图7-6为男式标准正装西服。上衣翻驳领，两个大袋，一个胸袋，单排扣或者双排扣，后背有单开衩或者双开衩，袖口开衩钉袖扣。裤子两个斜手插袋，两个后袋，有裤中缝。男装常穿的单排扣西服款式以两粒扣、平驳领、高驳头、圆角下摆款为主。

（1）西装的细节要求

①对格对条　条格面料西装比纯色难做，因为好的西装在口

图7-6　男西装

袋、袖子和前片后片、肩缝等各个地方都要做到对格对条，完全体现品牌对品质的要求。

② 衣领处理　好西装的衣领都是靠着内衬的弧度自然翻过来而不是被烫死的，这样看起来自然而优雅。

③ 扣子材质　好西装的纽扣是用动物的角质打磨而成的（少数高档西装因为设计需要也会使用贝壳扣或者金属扣），不使用塑料扣。因为这两种扣子在价格上有很大的差别。一颗塑料扣几毛钱甚至几分钱，而贵的角质扣一颗就要40～50元。它们的区分方法也很简单，角质扣因为是天然材料，所以每颗扣子都是不一样的。

④ 袖口　好西装的袖口的扣子是真扣，可以打开。这样的袖子在必要时可以卷起来。而低档西装的扣子就是钉在袖子上起装饰作用。

⑤ 插花孔　好西装一般在衣领上都会有一个类似于扣眼的孔，用来插花。只有顶级的西装在衣领后面会专门缝一条线，用来别花枝，体现品牌对传统的尊重。

⑥ 细节处的裁剪方式

袖口：好西装的袖口是斜裁的。如果是平裁的话，当手臂抬起的时候就会露出过多的衬衣袖口。斜裁的话这种情况会好很多。

裤脚：好西裤的裤脚是前短后长的，从侧面看，也是斜着的。因为鞋子的前端比后端高，这样裁保证了裤子前后都能够刚好盖到鞋面。

胸前口袋：好西装前胸的口袋是有一个弧度的，这样穿在人身上的时候，口袋才会平整地贴在胸前。

（2）西装的面料选择　一般选择纯毛或毛混纺面料，毛的混纺比不低于60%。当化纤含量过高时，面料板结、色彩死涩、缺乏流动性，且抗静电性不佳，服装在穿着时易吸附灰尘。

冬季面料有贡呢、麦尔登呢等。春秋两季的西装面料可采用中厚面料，如驼丝锦、哔叽、华达呢、啥味呢、各类精梳花呢等面料。夏季西装一般采用凡立丁、派丽丝、哔叽及毛丝混纺、丝麻混纺等面料。它要求面料质地以细腻、柔软、滑爽、挺括为宜，要求经纬密度适当高些，手感柔软滑爽，富有弹性，且回复性较好，能够充分满足西装轻、柔、薄、挺等要求。面料与内衬等辅料配伍适宜，面料支数增高，则厚度减少，衬布单位面积质量也相应减少，在不影响西服美观的前提下达到手感轻薄的效果。

面料的色彩应符合当今时代潮流及所在地区的地区性要求，正式场合以黑色、藏蓝色、深灰色为主色调，夏季有白色、米色、浅灰色。

2. 中山装

（1）中山装的细节　中山装是在广泛吸收欧美服饰的基础上，由近现代中国革命先驱孙中山先生综合了西式服装与中式服装的特点设计出的一种直翻领、有袋盖的四贴袋服装，并被称为中山装。

中山装穿着挺括，线条流畅，做工考究，整体典雅大方。中山装从正面看，从上到下没有松垮感，同时又没有由于过于紧而产生的拉扯皱褶；从背面看，完美勾勒出背部曲线的同时在站直时又没有皱褶；从侧面看，袖子细，而且符合手臂自然弯曲的弧度，当手臂自然下垂的时候没有皱褶，且双手自然下垂的时候正好露出1cm左右的衬衣。领子适宜平服，胸部饱满平挺，袖子上部圆顺、丰满，门里襟顺直平服，肩部平挺、松紧适宜，袋盖贴合不反翘，下摆圆顺平服。图7-7为中山装。

图7-7　中山装

中山装即有西服的结构特点，又有中式服装的款式造型，是一款中西合璧的正式服装。关闭式八字形领口，装袖，前门襟正中5粒明纽扣，后背整块无缝。袖口可开叉钉扣，也可开假叉钉装饰扣，或不开叉不用扣。明口袋，左右上下对称，有盖，钉扣，其中上面两个小衣袋为平贴袋，底角呈圆弧形，袋盖中间弧形尖出，下面两个大口袋是老虎袋（边缘悬出1.5～2cm）。裤有三个口袋（两个侧裤袋和一个带盖的后口袋），挽裤脚。显然，中山装的形成在西装基本形式上又糅合了中国传统意识，整体廓形呈垫肩收腰，均衡对称，穿着稳重大方。

（2）中山装的面料选择　中山装面料一般采用纯毛、毛混纺面料，色彩一般为深灰色、灰色居多。纯毛面料中的驼丝锦、贡缎、缎背华达呢、双面华达呢、麦尔登呢等是中山装首选面料。适合制作西装的面料一般都适合制作中山装。

3.衬衫

衬衫分正装衬衫、休闲衬衫、便装衬衫、家居衬衫、度假衬衫。

正装衬衫用于礼服或西服的搭配，西式衬衫的领讲究而多变。领式按翻领前的"八"字型区分，有小方领、中方领、短尖领、中尖领、长尖领和八字领等。其质量主要取决于领衬材质和加工工艺，以平挺不起皱、不卷角为佳。图7-8为正装衬衫。

衬衫面料一般选择精梳棉、丝光棉、棉涤混纺、棉丝混纺、真丝等，挑选时以轻、薄、软、爽、挺、透气性好较理想。最常见面料是高支纱纯棉府绸、丝光府绸、高支纱牛津纺、纯棉哔叽、各类色织衬衫布等。采用高纱支（纱支高达120～180支）高捻度，面料挺括，布面洁净。其色彩一般与西装面料相配，通常情况下比西装颜色浅，但浅色西装也有配深色衬衫形成视觉对比效果的。白色是正规衬衫的百搭色彩，其次为浅蓝、淡黄、浅粉、淡紫等。

图7-8　男士衬衫

常见正规衬衫面料有以下几种。

① 青年布　竖向用染色棉线、横向用白棉线平织的轻薄棉质衬衫衣料。淡而柔和，稍带光泽。最常见的是蓝色棉线与白色棉线的组合。图7-9为青年布面料和由青年布面料制成的衬衫。

图7-9　青年布及制成的衬衫

② 牛津布　纽扣领衬衫常用的衣料。平织，纹路较粗，颜色有白、蓝、粉红、黄、绿、灰等，大都为淡色。柔软、透气、耐穿，深受年轻人的喜爱。

③ 条格平布　用染色棉线和漂白棉线织成的衬衫衣料。配色多为白与红、白与蓝、白与黑等。既可用作运动衬衫，也适宜用于礼服衬衫。

④ 细平布　最常见的衬衫衣料。通常为白色。其所用棉线越细，手感越柔和。高等级的精织细平布有几近丝绸的感觉，所制衬衫多用于礼服等盛装场合。

（二）女式正装

女式正装包括西装套裙、连衣裙或两件套裙、衬衫、围巾等。

1. 西装套裙

西装套裙的上装与下装可以同一颜色，也可以采用不同的颜色。款式是在男式西装的基础上变化得来，但不像男式西装那么严谨。色彩以黑、蓝、灰、米色、褐色、白色为主，但大红、铁锈红、宝石蓝等鲜丽的颜色也常使用。

女式套装的面料选择以纯毛女衣呢、驼丝锦、纯毛哔叽等弹性好、悬垂性好、面料挺括、光泽典雅柔和的面料为主，面料过硬、过软都很难体现出女式套装流畅、合体的造型特点。毛混纺面料品种有毛绦混纺面料、毛黏混纺面料、毛腈混纺面料、毛丝混纺面料以及毛麻混纺面料，也常用于女式套装。

2. 连衣裙

连衣裙作为女正装穿着时，款式一般比较简洁、修身，使穿着者看起来干练、典雅、端正。因此，连衣裙所选面料一般是悬垂感好的面料。各种纤维成分的女衣呢是这类服装的首选，丝绸中的重磅双绉等也常用于这类连衣裙。所选面料一般要求弹性较好，起坐时不出褶皱。

3. 衬衫

衬衫的颜色可以是多种多样的，面料主要有纯棉和棉涤混纺细布、府绸等。真丝面料因其优雅的悬垂性及良好的外观，也是女式衬衫的首选面料。女式正装衬衫一般要与套装相匹配，常见色彩有白色、米白色和浅粉色等。丝绸面料洗涤保养贵一些，纯棉面料衬衫在洗涤后要保证熨烫平整。图7-10为丝质女衬衫。

4. 围巾

选择围巾时要注意颜色中应包含有套裙的颜色。围巾选择丝绸质地为好，它比其他质地的围巾打结或系起来更美观。而作为披巾，羊绒、丝绒混纺围巾近几年比较流行。图7-11为丝巾。

图7-10　丝质女衬衫

图7-11　丝巾

二、日常装类

日常生活中穿着的服装，又称便装。其款式有春秋穿着的套装、休闲西装、夹克、风衣、薄绒衫、运动服、毛衫等；夏季穿着的衬衫、连衣裙、汗衫、T恤、裙裤、西装短裤等；冬季穿着的羽绒服、裘皮大衣、棉衣、毛裤、呢大衣等。春秋服装面料花色选择范围大，视当时流行而定。夏季服装面料质地要轻、薄、透气、滑爽，一般用棉、麻、丝等天然纤维和混纺原料。

1.夹克

如图7-12所示。那些衣长较短、胸围宽松，除西服、风衣、棉衣和衬衣以外的所有长袖外衣都可以称为夹克。它具有独特的风格：成熟、优雅、独立、自由、冒险、简便、轻松、自然……

适用于夹克的面料范围很广，高档面料有天然皮革的羊皮、牛皮、马皮等，毛涤混纺、毛棉混纺面料以及各种处理的高级化纤混纺或纯化纤织物；中高档面料有各种中长纤维花呢、涤棉防雨府绸、尼龙绸、TC府绸、橡皮绸、仿羊皮等；中低档面料有黏棉混纺及纯棉等普通面料。各种款式的夹克衫与其采用的面料相符合。如蝙蝠夹克衫采用华丽光亮的尼龙绸或TC府绸面料制作，再配上优质辅料和配件，女性穿着后风采翩翩；又如猎装夹克对衣料的质量要求较高，外观紧密平挺、质地稍厚、抗皱性能好，男子穿着后更加健美挺拔。

2.风衣

风衣是一种能防风防雨的薄型大衣，又称风雨衣，适合春秋冬季外出穿着。由于其造型灵活多变、健美潇洒、美观实用、款式新颖、携带方便、富有魅力，因而深受中青年男女的喜爱，老年人也爱穿着，如图7-13所示。

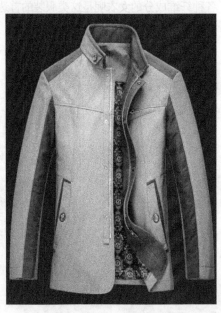

图7-12　男式夹克　　　　　　　　　图7-13　男风衣

风衣的面料一般要求结构紧密、坚实、挺括。最早的风衣采用的面料是纯棉华达呢。今天，用于风衣的面料多种多样，各种涂层面料、皮革、化纤混纺面料等均可。

3.大衣

指衣长过臀、春秋和冬季正式外出时穿着的防寒服装，如图7-14所示。

大衣的款式主要有单排扣和双排扣之分，衣片采用三分之一结构或者四分之一结构，领子有驳领和关领两类。

大衣的面料一般采用较为厚重的精纺呢绒，如雪花大衣呢、平厚大衣呢、立绒大衣呢、长顺毛大衣呢、驼绒大衣呢、羊绒大衣呢、拷花大衣呢及各种花式大衣呢。皮革也是大衣的常用面料。女式大衣呢除了上述面料外，也采用绸缎为面料加以绣花、贴花缝制等。

4.休闲裤

休闲裤是指穿起来显得比较休闲随意的裤子。广义的休闲裤包含了一切非正式商务、政务、公务场合穿着的裤子。现实生活中主要是指以西裤为模板，在面料、板型方面比西裤随意和舒适，颜色更加丰富多彩的裤子，如图7-15所示。

图7-14　男大衣　　　　　　　图7-15　休闲裤

一般来说，休闲裤的选购大体上分为以下四种。

第一种是多褶型休闲裤，即在腰部前面设计有数个褶。这种裤型几乎适合所有穿着者，无论体型胖瘦，因为这些褶具有一定的"扩容性"。大腹便便的胖人穿上，褶就自然撑开，让穿着者不感到紧绷，但却显得不够精神利落。

第二种是单褶型休闲裤，即在腰部前面对称地各设计一个褶。相比前者，此裤型较为流畅，并且也具有一定的"扩容性"。此种裤型目前比较流行，而第一种裤型已经淡出市场。

第三种是裤型休闲裤，即腰部没有任何褶，看上去颇为平整，显得腿部修长。这种裤型胖人穿起来也很合体。

第四种是商务休闲裤，主要是和客户、重要客人等在娱乐、运动、餐饮场合时选择的裤子。这些时候需要和客人之间形成轻松、愉快的氛围，为真正的商务、政务活动建立一个情感桥梁。其最终目的还是正式的商务或者公务，所以商务休闲裤的选择是非常重要的。商务休闲裤能给人庄重却不太压抑的工作感，既要体现休闲随和的性情，同时又要体现出对客人的尊重和重视。裤子的板型是以西裤为模板，在口袋的装饰和开口方式方面不能很花哨。颜色侧重于藏青、黑、深蓝色、烟灰色、深棕色等庄重色彩，或者乳白、蓝色等高雅色彩。面料上应该以棉质为主，软硬

图7-16　牛仔裤

和厚薄要适中。根据流行趋势，可以适当呈现一些亮光型的。

休闲裤最常见面料为棉华达呢、棉斜纹布，经水洗处理。如果是棉涤混纺，应注意面料的起球性，面料起球会大大降低服装的服用性能。

女式商务休闲裤的选择就比较多样化了，甚至不很花哨的牛仔裤也是可以的。

5.牛仔裤

牛仔裤又称"坚固呢裤"，一种男女通用的紧身便装裤。前身裤片无裥，后身裤片无省，门里襟装拉链，前身裤片左右各设一只斜袋，后片有尖形贴腰的两个贴袋，袋口接缝处钉有金属铆钉并压有明线装饰，具有耐磨、耐脏、穿着贴身、舒适等特点。

传统的牛仔裤是由100%的棉布做成的，包括其缝线也是棉的；也可以用聚酯混纺面料代替棉布。最常使用的染料是人工合成的靛蓝。传统的铆钉是铜制的，但是拉链和纽扣是铁制的。设计师的标牌由布料、皮革或塑料制成，有些也会用棉线在牛仔裤上刺绣。

牛仔裤的面料一般采用劳动布、牛筋劳动布等靛蓝色水磨面料，可分为平纹、斜纹、人字纹、交织纹、竹节、暗纹以及植绒面料等，也有用仿麂皮、灯芯绒、平绒等其他面料制成的，统称为"牛仔裤"。图7-16为常规牛仔裤。

采用不同原料结构织制的花色牛仔布如下。

① 采用小比例氨纶丝（占纱重的3%～4%）作包芯的弹力经纱或弹力纬纱织成的弹力牛仔布。

② 用低比例涤纶与棉混纺作经纱，染色后产生留白效应的雪花牛仔布。

③ 用棉麻、棉毛混纺纱织制的高级牛仔布。

④ 用中长纤维（T/R）织制的牛仔布。

采用不同加工工艺织制的花色牛仔布如下。

① 采用高捻纬纱织制的树皮绉牛仔布。

② 在经纱染色时，先用硫化或海昌蓝等染料打底后再染靛蓝的套染牛仔布。

③ 在靛蓝色的经纱中嵌入彩色经纱的彩条牛仔布。

④ 在靛蓝牛仔布上吊白或印花。

牛仔布根据季节，一般可分为轻型、中型和重型三类。轻型布重为$200～340g/m^2$，中型$340～450g/m^2$，重型$450g/m^2$以上。

6.羽绒服

羽绒服是用鸭、鹅底绒作絮料制成的一种防寒服，保暖性能良好，是冬季常用服装之一。羽绒服具有轻、暖、软的特点，如图7-17所示。

絮料一般是鸭、鹅腹部及背部绒核成熟的绒毛，

图7-17　羽绒服

经除尘、分毛、水洗、脱脂、消毒、防腐、提纯等一系列加工后的绒子、毛片、薄片等混合絮料。

羽绒服面料基本要求如下。

① 防风透气　大部分的户外羽绒服都具有一定的防风性。透气性是户外服装的统一要求，但是很多驴友往往会忽视羽绒服面料透气的重要性。一件不透气的羽绒服在极端户外运动中产生的结果往往是致命的。

② 防漏绒　增强羽绒面料的防漏绒性有三种方式。一是在基布上覆膜或者涂层，通过薄膜或涂层来防止漏绒，当然前提是透气，并且不会影响面料的轻薄和柔软程度；二是将高密度织物通过后期处理，提高织物本身的防绒性能；三是在羽绒面料里层添加一层防绒布，防绒布的好坏将直接影响整衣的品质。

③ 轻薄柔软　在装备轻量化的今天，羽绒服面料的轻薄程度将直接影响一件羽绒服的整体重量，而且对于本身就臃肿的羽绒服而言，柔软的面料会增加羽绒服穿着的舒适度。另外一方面，轻薄柔软的面料有助于更好的发挥羽绒的蓬松度，因此其保暖性也会更高。

④ 防水　主要针对专业型羽绒服，在酷寒环境下直接外穿的羽绒服的面料要能够直接代替冲锋衣使用。里料一般采用纯棉织物、涤棉织物和尼龙纺织物三大基本类型，面料及里料要求经纬纱高密度，一般经过涂层工艺，再经轧光整理、防污拒水整理。面料以尼龙塔夫绸和TC布为主，一般纱支在230支以上。其中，250支为最佳，230支以下很难保证绒毛不外钻。

a.防水型涂层（覆膜）面料　具有防水透湿的性能，轻薄柔软。

b.高密度防泼水面料　织物本身的密度就很高，一般在290支以上。然后通过高温融合表层织物以减小织物空隙的后期处理工艺，提高防漏绒性。面料的轻薄、柔软程度是所有羽绒服面料里面最高的，同时具有防风、防泼水、透气性能。这类面料是羽绒服和羽绒睡袋使用最广泛的面料，但后期处理工艺的高低对于面料的防漏绒性影响很大。

图7-18　棉服

7.棉服

如图7-18所示。棉服的保暖性能不及羽绒服，适合初冬及气温较温暖的天气穿着。它的保暖层有绒织物或者采用棉、涤纶等絮状填充物，便于洗涤与保养。面料要求保暖性好的棉、涤棉混纺及各种化纤面料，具有时尚性，款式变化多样。常见面料有棉华达呢、棉斜纹布等。

三、运动类

1.运动服

专用于体育运动、竞赛的服装。通常按运动项目的特定要求设计制作。广义上的运动服还包括从事户外体育活动穿用的服装。

根据《2013—2017年中国运动服行业市场前瞻与投资战略规划分析报告》统计，运动服主要分为以下9类。

① 田径服　田径运动员以穿背心、短裤为主。一般要求背心贴体、短裤易于跨步。有时为不影响运动员双腿大跨度动作，还在裤管两侧开衩或放出一定的宽松度。背心和短裤多采用针织物，也有用丝绸制作的。

② 球类服　通常以短裤配套头式上衣为主。球类运动服需放一定的宽松度。篮球运动员一般穿用背心，其他球类的则多穿短袖上衣。例如，足球运动衣习惯采用 V 字领；排球、乒乓球、橄榄球、羽毛球、网球等运动衣则采用装领，并在衣袖、裤管外侧加蓝、红等彩条肋线；网球衫以白色为主，女子则穿超短连裙装。

③ 水上服　主要有三类。一是从事游泳、跳水、水球、滑水板、冲浪、潜泳等运动时，主要穿用紧身游泳衣，又称泳装。男子穿三角短裤，女子穿连衣泳装或比基尼泳装。对游泳衣的基本要求是运动员在水下动作时，其不鼓胀兜水，且能减少水中阻力。因此游泳衣宜用密度高、伸缩性好、布面光滑的弹力锦纶、腈纶等化纤类针织物制作，并配戴塑料、橡胶类紧合兜帽式游泳帽。二是潜泳运动员除穿游泳衣外，一般还配面罩、潜水眼镜、呼吸管、脚蹼等。三是从事划船运动时，主要穿用短裤、背心，以方便划动船桨。冬季采用毛质有袖针织上衣。摩托艇运动速度快，运动员除穿用一般针织运动服外，往往还配穿透气性好的多孔橡胶服、涂胶雨衣及气袋式救生衣等。衣服颜色宜选用与海水对比鲜明的红、黄色，便于在比赛中出现事故时易被发现。

④ 举重服　举重比赛时运动员多穿厚实坚固的紧身针织背心或短袖上衣，配以背带短裤，腰束宽皮带。皮带宽度不宜超过 12cm。

⑤ 摔跤服　摔跤服因摔跤项目而异。如蒙古式摔跤穿用皮制无袖短上衣，又称"褡裢"。不系襟，束腰带，下着长裤，或配护膝。柔道、空手道运动员穿用传统中式白色斜襟衫，下着长至膝下的大口裤，系腰带。日本等国家还以腰带颜色区别柔道段位等级。相扑习惯上赤裸全身，胯下只系一窄布条兜裆，束腰带。

⑥ 体操服　体操服在保证运动员技术发挥自如的前提下，还要显示人体及其动作的优美。男子一般穿通体白色的长裤配背心，裤管的前折缝笔直，并在裤管口装松紧带，也可穿连裤袜。女子穿针织紧身衣或连裤衣，并选用伸缩性能好、颜色鲜艳、有光泽的织物制作。

⑦ 冰上服　滑冰、滑雪的运动服要求保暖，并尽可能贴身合体，以减少空气阻力，适合快速运动。一般采用较厚实的羊毛或其他混纺毛纤维针织服，头戴针织兜帽。花样滑冰等比赛项目更讲究运动服的款式和色彩。男子多穿紧身、潇洒的简便礼服；女子穿超短连衣裙及长筒袜。

⑧ 登山服　竞技登山一般采用柔软耐磨的毛织紧身衣裤，袖口、裤管宜装松紧带，脚穿有凸齿纹的胶底岩石鞋。探险性登山需穿用保温性能好的羽绒服，并配用羽绒帽、袜、手套等。衣料采用鲜艳的红、蓝等深色，易吸热且在冰雪中易被识别。此外，探险性登山也可穿用腈纶制成的连帽式风雪衣，帽口、袖口和裤脚都可调节松紧，以防水、防风、保暖和保护内层衣服。

⑨ 击剑服　击剑服首先注重护体，其次需轻便。由白色击剑上衣、护面、手套、裤、长筒袜、鞋配套组成。上衣一般用厚棉垫、皮革、硬塑料和金属制成保护层，用以保护肩、胸、后背、腹部和身体右侧。按花剑、佩剑、重剑等不同剑种，运动服保护层的要求略有不同。花剑比赛的上衣，外层用金属丝缠绕并通电，一旦被剑刺中，电动裁判器即会亮灯；里层用尼龙织物绝缘，以防出汗导电；护面为面罩型，用高强度金属丝网制成，两耳垫软垫；下裤一般长及膝下几厘米，再套穿长筒袜，裹没裤管。击剑服应尽量缩小体积，以减少被击中的机会。

2. 户外服装

① 冲锋衣　休闲运动，周末郊游，中长距离的远足和登山，以及专业的探险、攀冰，甚至攀登七八千米的雪山，冲锋衣都是必备之选。冲锋衣应具备几个条件：首先，结构上需符合登山

的要求。登山往往是在恶劣的环境下开展各种活动，包括负重行走、技术攀登等。冲锋衣的结构要能满足这些活动的要求。其次，制作材料上需符合登山的要求。由于登山运动所处的特殊环境及登山运动的需要，冲锋衣的材料必须能实现防风、防水、透气等要求。冲锋衣的面料一般采用尼龙加防水涂层，里衬采用的也是透气材料，一般是Coolmax。它一种超细涤纶纤维，加强导汗性与保暖性。轻型冲锋衣采用网状纤维，不粘身。

抓绒衣可以单穿，也可以作为冲锋衣的内胆。材料一般为超细涤纶起绒针织面料，具有轻、暖等特点。

② 速干衣　速干衣就是干的比较快的衣服。它与毛质或棉质的衣物相比，在外界条件相同的情况下，更容易将水分挥发出去，干得更快。它并不是把汗水吸收，而是将汗水迅速地转移到衣服的表面，通过空气流通将汗水蒸发，从而达到速干的目的。一般的速干衣的干燥速度比棉织物要快50%。速干衣的材料一般是Coolmax，一种中空异涤纶纤维，具有快速导湿功能，可以让汗液以最快的速度从体表传导到服装表面而挥发，从而保持体表干爽舒适。

用于运动服的面料主要有以下几种。

（1）Refreshing运动织物　运动衣凡具有吸汗快干或吸湿排汗的特性者，皆可称之为"Refreshing garments"。它为竞赛者提供舒适的感觉，使他们在运动场上创造佳绩。此类衣物的设计理念来自树木的毛细现象，如多层聚酯针织物Fieldsensor。其内层为粗支丹尼聚酯纱，与皮肤直接接触。其外层为疏水性细丹尼聚酯纱，表面致密的构造能够加速排汗的效果。Cubesensor及Coolmagic梭织物、Aerosensor双面经编织物，以此相似的概念研发出了更多差异性的功能。在Technorama实验室里，证实在奔跑途中，Fieldsensor织物内层的吸湿性较一般TC织物低。除了上述性质外，目前亦竭尽心力地研发反射日光/抗UV织物"Aloft"。其为鞘/芯的共轭聚酯纤维纱，芯部分充满特殊的陶瓷颗粒，以提高其物性。Aloft织物在可见光、红外线、紫外线下的情形与传统聚酯纤维做比较。

（2）透湿防水织物　透湿防水织物的设计理念是阻绝大雨滴、雾气及雪的渗入，而将人体排出的汗气顺利排出。该织物除具有优越的防水性能外，穿者也不会产生闷热的感觉。如众所皆知的由CF贴合的Goretex织物，非常适合高山攀岩及海上的活动。Toray的Entrant是经PU树脂涂布的透湿防水物，可从织物内层表面排除过量的湿气。目前其在日本年产量达130万公尺。Toray的另一非涂布的高密度织物"HZOFF"，是聚酯超细丹尼空气交络纺制的纱，其结构具有高度的透湿性。

Toray最近研发的EntrantG-Ⅱ。是由不同密度的双层PU蜂巢式薄膜所组成，其透湿度达8000g/（$m^2 \cdot 24h$），阻隔的雨滴大小从100μ到500μ（从毛毛细雨到倾盆大雨）。目前研发"Dermizax"为无孔质PU树脂涂布于聚酯梭织物上，其透湿度可达5500g/（$m^2 \cdot 24h$）。另多孔质树脂可以使织物在高温时排出湿气，低温时有保暖效果，同时保持织物适度的湿气。

（3）保暖性织物　织物吸收阳光能源，将其转换成热量保存于织物里，达到保暖的效果。此类产品已由Unitika开发完成，称之为"Solor-a"。它在共轭聚酯纤维芯的部分加入碳化锆，使织物有保暖的效果。Toray的Megacron是由能吸收太阳能源的太阳能吸收体、一层金属氧化物及充满锆氧化物的纤维所制成的织物。经太阳照射吸收后，它能将红外线热能释放，提高温度，来达到保暖功能。另一产品Querbinthermo，织物表层具有变色性，反面为陶瓷层。光线照射后，当温度高于正常温度时，表层会呈现白色，当温度较低时，颜色转变成黑色。更进一步的发展是针对高山攀岩及寒带气候所研发的保暖织物。它利用高密度中空纤维，在气相下，涂布一层金属、借由辐射作用将热源传导，经循环控制分布于织物各处。

（4）低阻抗力的运动织物　在游泳及滑雪跳跃的竞赛项目中，由于竞争激烈，往往差距在0.01s，所以为了此类运动选手的需求，低阻抗力的运动服应运而生。以游泳衣而言，有耐隆超细丹尼纱与弹性纱混纺而成的高针数（32G）双面经编织物，如Toray的Acquapin织物能够降低水中摩擦阻力10%；另一产品Acquaspec其功能性更佳，能够减少阻力达15%，是由聚酯超细丹尼经表面整理加工而成的。其他如Descente公司利用有波纹的加工丝在织物表面形成很细的沟槽，达到降低水中摩擦阻力的功能。将同样的设计理念用于空气流体，以减少滑雪跳跃选手在空中的阻力。Dimplex织物由Descente与Eschler公司共同合作研发，以波纹加工丝在滑雪跳跃织物的表面形成凸状，使选手在起跑、起飞及空中飞行的阶段中均能将空气的阻力降至最低。

（5）超高强力织物　运动者在竞赛里经常有激烈粗暴的动作，如快速滑倒、碰撞、擦撞等。Dynamonus织物是高强力聚酯纤维短纤纱与5%～15%p-芳香族聚酰胺纤维（高强力纤维）混纺而成的，具有优越的耐热熔性，能抗摩擦、抗擦撞及登山时防止被岩石锐角割破。其主要的四项抗磨物性除了用于运动服外，目前已推广至工作服、海上运动服及工业用途。除了运动者外，一般消费者也开始关注其所拥有的运动衣具有何种功能性。且这股需求已有逐渐扩大的趋势。Mr.K.Hayakawa对未来提出了新颖的看法：古代美学的呈现在于"裸体"，这意味着未来运动衣的设计必须依人体结构来塑造，运动时才能将阻力及束缚力降至最低。同时，我们也期待未来新产品能够满足更多不同的需求。

四、礼服类

1.女式礼服

（1）晚礼服　如图7-19所示，在晚间正式聚会、仪式、典礼上穿着的礼仪用服装。裙长长及脚背，面料追求飘逸、垂感好，颜色以黑色最为隆重。晚礼服风格各异，西式长礼服袒胸露背，呈现女性风韵；中式晚礼服高贵典雅，塑造出特有的东方风韵；还有中西合璧的时尚新款。与晚礼服搭配的服饰适宜选择典雅华贵、夸张的造型以凸显女性特点。

（2）小礼服　如图7-20所示，小礼服是在晚间或日间的鸡尾酒会等正式聚会、仪式、典礼上穿着的礼仪用服装。裙长在膝盖上下5cm，适宜年轻女性穿着。

图7-19　晚礼服

图7-20　小礼服

（3）裙套装礼服　职业女性在职业场合出席庆典、仪式时穿着的礼仪用服装。裙套装礼服显现的是优雅、端庄、干练的职业女性风采，与短裙套装礼服搭配的服饰体现的是含蓄庄重。

女式礼服常用面料：丝绸或丝质感的面料是礼服的常用面料，如素缎、平绒、丝绒、塔夫绸、锦缎、绉纱、欧根纱、蕾丝等闪光、飘逸、高贵、华丽的面料，可加刺绣、花边等。色彩倾向高雅、豪华，如印度红、酒红、宝石绿、玫瑰紫、黑、白等色最为常用，配合金银及丰富的闪光色更能加强豪华、高贵的美感。再配以相应的花纹以及各种珍珠、光片、刺绣、镶嵌宝石、人工钻石等装饰，充分体现晚礼服的雍容与奢华。

随着科学技术的不断进步，晚礼服所选用的面料品种更加广泛，如具有良好悬垂性能的棉丝混纺、丝毛混纺面料、化纤绸缎、锦纶、新型的雪纺、乔其纱、有皱褶、有弹力的莱卡面料等，此外还有高纯度的精纺面料，如羊绒、马海毛等。

2. 男式礼服

男式礼服是公式场合的装束，如国家级的就职典礼、授勋仪式、日间大型古典音乐的指挥等。男式礼服常见款式有燕尾服、塔士多礼服、柴斯特外套和波鲁外套。

（1）黑色Tuxedo礼服、白色礼服衬衫、领结、礼服裤、礼服鞋。如果你是一个坚持传统的人，如果你参加的活动场合很正式，比如商务晚宴、公司高层年会和顶级私人聚会，那么你的礼服着装应该以稳重规范为主，恪守礼服穿着规则，并彰显礼服的品质。图7-21为Tuxedo礼服。

（2）优雅鸡尾酒装　Tuxedo礼服加创意礼服配饰，如图7-22所示。它适合很多不过分正式的场合，如私人聚会或是私人派对等，着装要求不用过于严谨正式，穿着者更能凸显个人品位，更加优雅和富有趣味。

图7-21　Tuxedo礼服　　　　　图7-22　鸡尾酒礼服

（3）室外礼服大衣　在寒冷的冬季，穿着Tuxedo礼服时有专门的大衣外套配搭，以免身穿单薄的男士被冻僵。同时做工精良考究的礼服大衣也会格外的凸显男士的气宇轩昂、气质非凡。Tuxedo礼服大衣有特定的款式，最常见的大衣有两种：柴斯特外套和波鲁外套。一般为一粒扣或者暗扣设计，领子和大衣面料不同，一般采用天鹅绒、罗缎或者皮草材质，长度及膝，如图7-23所示。

图 7-23   男式室外大衣及套装

男式礼服面料选择：男式礼服面料一般采用毛呢面料为主，还有驼丝锦、哗叽、华达呢、贡呢、麦尔登呢、海军呢等，色彩一般是黑色、藏蓝色为主；大衣面料一般采用各类大衣呢，烟灰色、驼色也比较常见。

（4）婚礼服（婚纱） 新郎新娘举行婚礼时穿着的服装。

① 西式婚礼服——婚纱 婚礼上穿婚纱的历史不到200年时间。

西洋婚礼服，即新郎穿西装、新娘为裙装。新娘裙装通常为高腰式连衣裙，裙后摆长拖及地，如图7-24所示。裙装面料多采用缎子、棱纹绸等面料。新娘配用露指手套，手握花束，头戴花冠，花冠附有头纱、面纱。新郎通常要穿着正式的礼服。男士婚礼的服装大致分为四种：军礼服、燕尾服、晨礼服、便礼服。

② 中式婚礼服 中式新娘礼服最能体现出中国女性的传统美，极受新娘们的喜爱。很多新娘都会选择一套喜庆的中式礼服。龙凤呈祥、锦绣红烛、牡丹、水墨等传统元素是中式结婚礼服的典型花色。穿上中国特有的锦绣绫罗绸缎，既能展现东方新娘独有的矜贵与华丽，又能演绎传统婚俗的内涵。

凤冠霞帔：明朝庶民女子出嫁时可享属于命妇衣装的凤冠霞帔的殊荣，如同庶人男子迎亲可着九品官服一样。真红对襟大袖衫加凤冠霞帔式样是目前国人心中理解的华夏婚礼服饰，而且根深蒂固。新郎要穿状元服。

龙凤褂，如图7-25所示。面料一般采用真丝软缎，裙褂上绣以龙凤为主的图案，以"福"字、"喜"字、牡丹花、鸳鸯、蝙蝠、石榴等寓意吉祥、百年好合的图案点缀。红

图 7-24   婚纱

色与金色的搭配，大气而显富贵。

新娘若穿龙凤褂，新郎就应穿着中山装改良而成的上衣。相近的暗花和刺绣，和新娘的裙褂"天生一对"。

③ 改良版旗袍　中西结合、精致、典雅，在尊重传统的基础上，融入了新时代的气息，更加凸显女性凹凸有致的身材曲线，极具视觉美感。改良旗袍的面料尽量不用人造丝和纯涤类的面料，非常容易起静电。春、夏、秋季节选用轻薄的料子比如真丝软缎，冬天选用织锦缎，这种面料可以衬托婚礼的豪华。图7-26为改良旗袍。

婚礼服的面料多选择细腻精致的绸缎、厚锻、亮锻，轻薄透明的绉纱、欧根纱、绢、蕾丝，或采用有支撑力、易于造型的化纤缎、塔夫绸、山东绸、织锦缎等。工艺装饰采用刺绣、抽纱、雕绣镂空、拼贴、镶嵌等手法，使婚纱产生层次及更好的雕塑效果。

图7-25　龙凤褂　　　　　　　　图7-26　改良旗袍

对于纱系列的婚纱，一般四层纱以上。因为层数太少会使婚纱看上去干瘪，没精打采，不够挺实、蓬松，无法体现纱质面料轻盈、浪漫、充满幻想的感觉。

若是缎系列的产品，一般一层厚锻加一层内衬即可达到很好的效果。要是再加上较好的裙撑，则会更加完美靓丽。

适当的珠绣、蕾丝、蝴蝶结、丝带也是婚纱必不可少的点睛之笔，简约而不简单。

丝绸面料典雅高贵，穿着舒适，但丝绸没有纯白色的效果，因为丝绸总带有一点乳黄色外观。

合成纤维面料价格适中，耐穿又不易起皱，有光泽。

五、童装类

童装是指未成年人的服装，它包括婴儿、幼儿、学龄儿童以及少年儿童等各年龄阶段儿童的

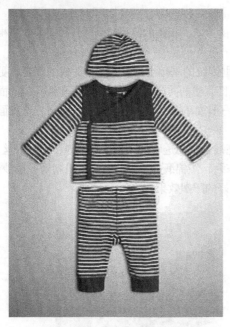

图7-27　婴儿服

着装。由于儿童的心理不成熟，好奇心强，且没有行为控制能力或者行为控制能力弱，而且儿童的身体发育较快，变化大，所以童装设计比成年服装更强调装饰性、安全性、舒适性和功能性。

1.婴儿衬衫面料的选择

由于婴儿皮肤娇嫩，因此婴儿装的面料要求柔软、舒适，以全棉织品中的绒布最为适宜。绒布手感柔软、保暖性强、无刺激性。另外，婴儿装也可以选用30S×40S细布或40S×40S纱府绸，其布面细密、柔软。纱线一般经过碱缩处理，面料的密度较疏松，手感柔软。图7-27为婴儿服。

2.幼儿服装面料的选择

幼儿好动，因此幼儿服装穿在身上应舒适和便于活动。面料可选择全棉织品中的30S×40S细布、40S×40S纱府绸、泡泡沙、斜纹布、卡其布、中长花呢等，也可以选用化纤织品，如涤棉细布、涤棉巴厘纱等。秋冬季幼儿装要求耐脏、易洗，可选用平绒、灯芯绒、卡其、各色花呢等。

3.学龄儿童以及少年儿童服装面料的选择

这个年龄段的儿童活泼好动，因此，在服装面料选择上既要活泼生动又要朴素大方，在质地上要求经济实惠。涤棉细布、色织涤棉细布、中长花呢、涤卡、灯芯绒、劳动布、坚固泥、涤纶哗叽及针织四维弹性面料等都适宜制作学生的服装。

六、内衣类

内衣是指贴身穿或近身穿服装。一般不显露在外，但夏天部分内衣与外衣合一穿着。内衣具有保暖、吸汗、防污、穿着舒适、柔软等特点。部分内衣还有美观、塑身、保健、装饰及作为衬的功能。

1.背心

无袖、挖肩的汗衫。男式背心肩带宽，女式背心有吊带式、宽肩式。面料一般采用平纹组织或罗纹组织的针织物制成，纤维材料一般采用纯棉、棉涤混纺、莫代尔、真丝、大豆纤维、牛奶纤维等。

2.胸罩

胸罩又称文胸，用于塑形与修正女性乳房位置、保护乳头、防止乳房下垂和摆动、美化女性形体曲线。胸罩材料以棉、丝绸、牛奶丝、尼龙及其他合成纤维为主。随着科技的发展，新材料不断涌现，用于胸罩的内衣材料也不断更新。

3.束腰、束腹、束身衣

具有弹性的、有收缩功能的内衣。面料一般采用化纤为主，如弹力网眼经编针织物是束身衣的主要材料。

4.三角裤

由吸湿透气又有弹性的纯棉纱编织的纬平针织物或双罗纹针织物制成。裤口加弹力花边，有的不加。目前市场上三角裤的材料五花八门，莫代尔、牛奶丝、大豆纤维、竹炭纤维等一批新材料大量应用于三角裤，尼龙面料、各类弹性网眼面料、蕾丝等也用于三角裤。

5.衬裤、棉毛衫裤、打底裤

面料一般采用纯棉、棉涤混纺、尼龙等。

6.睡衣

指睡觉时穿着的服装，兼作室内便衣，包括睡衣、睡袍、睡裙及睡裤。宽松舒适，肤感柔软，穿脱方便。面料一般采用柔软、吸湿透气性好的全棉织物、丝绸、人造棉等。

服装款式不断更新，新材料不断涌现，在服装设计过程中，对面料的选择没有定论。设计师个人偏好及设计风格常会推陈出新、出神入化，对面料的选择不一定遵循这些例子，但最基本的前提是每一位设计师都是在了解面料基本性能的基础上进行变化与设计。因此面料的基础知识才是重中之重，要想成为一位合格的服装设计人员，必须掌握面料的基本性能。

附录

一、服装洗涤标识大全

穿衣容易洗涤难，这不是因为消费者不会洗，而是由于有些服饰企业的洗涤标识不规范。含糊不清的字眼，实在是难为了穿衣人。下面一些服装洗涤标志属我们日常生活中比较常用的，我们一起来看一下吧！希望对我们洗涤服装能起到帮助作用。

	小心手洗		熨烫温度不能超过150°
	只能手洗		熨烫温度不能超过200°
手洗30 中性	可轻轻手洗，不能机洗，30℃以下洗涤温度		须垫布熨烫
℃	可机洗		须蒸汽熨烫
40	水温40℃，机械常规洗涤		不能蒸汽熨烫
40	水温40℃，洗涤和脱水时强度要弱		不可以熨烫
50	最高水温50℃，洗涤和脱水时逐渐减弱		洗涤时不能用搓板搓洗
60	水温60℃，机械常规洗涤	A	适合所有干洗溶剂洗涤
60	最高水温60℃，洗涤和脱水时逐渐减弱	F	仅能使用轻质汽油及三氯三氟乙烷洗涤，干洗过程无要求
	不能水洗，在湿态时须小心	F	仅能使用轻质汽油及三氯三氟乙烷洗涤，干洗过程有要求
	可以熨烫	P	适合四氯乙烯、三氯氟甲烷、轻质汽油及三氯乙烷洗涤
	熨烫温度不能超过110°	P	干洗时间短

⊖ P	低温干洗	○ 中性 30	使用30℃以下温度水洗，弱水机洗或轻轻手洗，中性洗涤剂洗涤
/ ⊖ P	干洗时要降低水分	○ 40	使用40℃以下水温，可机洗也可手洗，不考虑洗涤剂种类。
⊗	不能干洗	○ 弱 40	使用40℃以下洗涤温度，可弱机洗，也可轻柔手洗，中性洗涤剂
⊙	可以在低温设置翻转干燥	○ 60	使用60℃以下洗涤温度，可机洗也可手洗，不考虑洗涤剂种类
⊙⊙	可在常规循环翻转干燥	○ 95	使用95℃以下洗涤温度，可机洗也可手洗，家用洗衣机不可承受
○	可放入滚筒式干衣机内处理	T形衣物符号 —	平摊干燥
⊗	不可放入滚筒式干衣机内处理	T形衣物符号	阴干
弱 ○	可以用洗衣机洗，但必须用弱档洗	T形衣物符号 ‖‖‖	滴干
⊗ ○	禁止使用洗衣机洗涤剂	△ C1	可以氯漂
T形衣物符号 ？	悬挂晾干	⊗（三角形划叉）	不可以氯漂

	可以拧干		衣物需挂干
	不可以拧干		衣物需阴干

二、纤维名称中英文对照

1.天然纤维

中文名称	英文名称	中文名称	英文名称
桑蚕丝	Mulberry silk	羊驼毛	Alpace
柞蚕丝	Tussah silk	马海毛	Mohair
羊毛	Wool	牦牛绒	Yak wool
山羊绒	Cashmere	罗布麻	Kender
兔毛	Rabbit hair	苎麻	Ramie
棉	Cotton	亚麻	Flax

2.合成纤维

简称	英文名称	学名
黏纤	Viscose	黏胶纤维
醋纤	Acetate	醋酯纤维
铜氨纤	Cupro	铜铵纤维
涤纶	Polyester	聚酯纤维
锦纶	Polyamide 或 Nylon	聚酰胺纤维
腈纶	Polyacrylic 或 Acrylic	聚丙烯腈纤维
丙纶	Polypropylene	聚丙烯纤维
维纶	Poly（vinyl alcohol）或 Vinylal	聚乙烯醇纤维
氯纶	Poly（vinyl chloride）	聚氯乙烯纤维
芳纶	Aramid	芳族聚酰胺纤维
氨纶	Polycarbaminate fiber 或 Spandex	聚氨酯弹性纤维

3.部分纤维英文代号

纤维名称	英文代号	纤维名称	英文代号
棉	C：Cotton	马海毛	M：Mohair
羊毛	W：Wool	兔毛	RH：Rabbit hair
羊驼毛	AL：Alpaca	牦牛毛	YH：Yar hair
真丝	S：Silk	柞蚕丝	Ts：Tussah silk
黄麻	J：Jute	莱卡	Ly：Lycra
亚麻	L：linen	苎麻	Ram：Ramine
大麻	Hem：Hemp	涤纶	T：Polyester
锦纶（尼龙）	N：Nylon 或 PA	腈纶	A：Acrylic
羊绒	WS：Cashmere	天丝	el：Tencel
羊羔毛	La：Lambswool	莫代尔	Md：Modal
驼毛	CH：Camel hair	黏纤	R：Rayon
桑蚕丝	Ms：Mulberry silk	氯纶	PVC
聚乙烯醇	PVA	聚丙烯	PP
聚氨基甲酸酯（聚氨酯）	PU		

三、部分面料缩水率参考

1.印染棉布的缩水率参考

棉布品种		缩水率/%		棉布品种		缩水率/%	
		经向	纬向			经向	纬向
丝光布	平布（粗支、中支、细支）	3.5	3.5	本光布	平布（粗支、中支、细支）	6	2.5
	斜纹、哔叽、贡呢	4	3		纱卡其、纱华达呢、纱斜纹	6.5	2
	府绸	4.5	2				
	纱卡其、纱华达呢	5	2	经过防缩整理	各类印染布	1～2	1～2
	纱卡其、纱华达呢	5.5	2				

2.色织棉布的缩水率参考

色织棉布品种	缩水率/%		棉布品种	缩水率/%	
	经向	纬向		经向	纬向
男女线呢	8	8	劳动布（预缩）	5	5
条格府绸	5	2	二六元贡（元密呢）	11	5
被单布	9	5			

3.呢绒的缩水率参考

呢绒品种			缩水率/%	
			经向	纬向
精纺呢绒	纯毛或羊毛含量在70%以上		3.5	3
	一般织物		4	3.5
粗纺呢绒	呢面或紧密的露纹织物	羊毛含量在60%以上	3.5	3.5
		羊毛含量在60%以下及交织物	4	4
	绒面织物	羊毛含量在60%以上	4.5	4.5
		羊毛含量在60%以下	5	5
	组织结构比较稀松的织物		> 5	> 5

4.丝绸的缩水率参考

丝绸品种	缩水率/%		丝绸品种	缩水率/%	
	经向	纬向		经向	纬向
桑蚕丝织物（真丝）	5	2	绉线织物和绞纱织物	10	3
桑蚕丝与其他纤维交织物	5	3			

5.化纤织物的缩水率参考

化纤织物品种		缩水率/%	
		经向	经向
黏胶纤维织物		10	8
涤/棉混纺织物	平布、细纺、府绸	1	1
	卡其、华达呢	1.5	1.2
涤/黏、涤/富混纺织物（涤纶含量62%）		2.5	2.5
富/涤混纺织物（富纤含量65%）		3	3

参 考 文 献

[1]　邢声远.服装常用纺织品手册.北京：化学工业出版社，2011.

[2]　周璐瑛.吕逸华.现代服装材料学.北京：中国纺织出版社，2000.

[3]　张怀珠等.新编服装材料学.上海：东华大学出版社，2004.

[4]　邢声远.服装基础知识手册.北京：化学工业出版社，2014.

[5]　唐琴，吴基作等.服装材料与运用.上海：东华大学出版社，2013.

[6]　马腾文，殷广胜.服装材料.北京：化学工业出版社，2007.

[7]　金泰钧.服装设计手册.上海：上海文化出版社，1990.

[8]　李当岐.服装学概论.北京：高等教育出版社，1999.

[9]　李当岐.中外服装史.武汉：湖北美术出版社，2002.

[10]　朱远胜.面料与服装设计.北京：中国纺织出版社，2008.

[11]　缪秋菊，刘国联.服装面料构成与应用.上海：东华大学出版社，2008.